ISW 10

Berichte aus dem Institut für Steuerungstechnik
der Werkzeugmaschinen und Fertigungseinrichtungen
der Universität Stuttgart

Herausgegeben von Prof. Dr.-Ing. G. Stute

K. Maier

Grenzregelung an Werkzeugmaschinen

Beitrag zur Auslegung und Bewertung
von ACC-Systemen

Springer-Verlag
Berlin · Heidelberg · New York 1974

Mit 68 Abbildungen

ISBN-13:978-3-540-06886-0 e-ISBN-13:978-3-642-80863-0
DOI: 10.1007/978-3-642-80863-0

Vorwort des Herausgebers

Das Institut für Steuerungstechnik der Werkzeugmaschinen und Fertigungseinrichtungen der Universität Stuttgart befaßt sich mit den neuen Entwicklungen der Werkzeugmaschine und anderen Fertigungseinrichtungen, die insbesondere durch den erhöhten Anteil der Steuerungstechnik an den Gesamtanlagen gekennzeichnet sind. Dabei stehen die numerisch gesteuerte Werkzeugmaschine in Programmierung, Steuerung, Konstruktion und Arbeitseinsatz sowie die vermehrte Verwendung des Digitalrechners in Konstruktion und Fertigung im Vordergrund des Interesses.

Im Rahmen dieser Buchreihe sollen in zwangloser Folge drei bis fünf Berichte pro Jahr erscheinen, in welchen über einzelne Forschungsarbeiten berichtet wird. Vorzugsweise kommen hierbei Forschungsergebnisse, Dissertationen, Vorlesungsmanuskripte und Seminarausarbeitungen zur Veröffentlichung.

Diese Berichte sollen dem in der Praxis stehenden Ingenieur zur Weiterbildung dienen und helfen, Aufgaben auf diesem Gebiet der Steuerungstechnik zu lösen. Der Studierende kann mit diesen Berichten sein Wissen vertiefen.

Unter dem Gesichtspunkt einer schnellen und kostengünstigen Drucklegung wird auf besondere Ausstattung verzichtet und die Buchreihe im Fotodruck hergestellt.

Der Herausgeber dankt dem Springer-Verlag für Hinweise zur äußeren Gestaltung und Übernahme des Buchvertriebs.

Stuttgart, im Februar 1972

Gottfried Stute

Inhaltsverzeichnis

Schrifttum

Grundlagen

[1] Degner, W.; Lutze, H.; Smejkal, E. — Spanende Formung. 5. Aufl. Berlin: VEB Verlag Technik 1972.

[2] DIN 19 226 — Regelungstechnik und Steuerungstechnik. Ausgabe Mai 1968.

[3] Ehmer, H.J. — Beitrag zur Ermittlung der Gesetzmäßigkeiten und Ursachen des Freiflächenverschleißes... Aachen, Techn. Hochsch., Dr.-Ing.-Diss. 1970.

[4] Giloi, W.; Herschel, R. — Rechenanleitung für Analogrechner. Konstanz: Telefunken 1961.

[5] Herold, H.H.; Maßberg, W.; Stute, G. — Die numerische Steuerung in der Fertigungstechnik. Düsseldorf: VDI - Verlag 1971.

[6] Kienzle, O. — Die Bestimmung von Kräften und Leistungen an spanenden Werkzeugen und Werkzeugmaschinen. Z. VDI 94(1952) Nr. 11/12,. S.299...305.

[7] König, W. — Der Werkzeugverschleiß bei der spanenden Bearbeitung von Stahlwerkstoffen. Werkstattstechn. 56(1966) Nr. 5, S.229...234.

[8] König, W.; Langhammer, K. — Zusammenhang zwischen Schnittkraft, Verschleiß und Oberflächengüte bei der spanenden Bearbeitung... Opladen: Westd. Verlag 1972.

[9] Leyensetter, W. — Grundlagen und Prüfverfahren der Zerspanung. Leipzig, Berlin: Teubner 1938.

[10] Lowack, H. — Temperaturen an Hartmetalldrehwerkzeugen bei der Stahlzerspanung. Aachen, Techn. Hochsch., Dr.-Ing.-Diss., 1967.

[11] Maier, K. — Die Standzeitebene als anschauliche Darstellung einer Standzeitgleichung. Ind.-Anz. 95(1973) Nr. 97, S. 2303... 2304 (HGF-Bericht).

[12] Meyer, K.F. — Vorschub- und Rückkräfte beim Drehen mit Hartmetallwerkzeugen. Aachen, Techn.Hochsch., Dr.-Ing.-Diss., 1963.

[13] Müller, E. — Der Verschleiß von Hartmetallwerkzeugen und seine kurzzeitige Ermittlung. Schweizer Archiv 28(1962), S.317...328, 362...376, 421...437.

[14] Peters, J.; Dumong, W.; Maris, M. — Recommended cutting data for steels and cast irons ... Paper CRIF Nr. MC 41 (1972).

[15] Schaefer, H. — Energieaufwand bei Werkzeugmaschinen. Beitr. z. prakt. Energiewirtschaft, Karlsruhe 1957.

[16] Schmid, W. — Automatologie. München: Hanser 1952.

[17] Spur, G. u.a. — Optimierung des Fertigungssystems Werkzeugmaschine. München: Hanser 1972.

[18] Stute, H. — Kennwerte und Leistungsbedarf für Werkzeugmaschinengetriebe. Aachen, Techn.Hochsch., Dr.-Ing.-Diss., 1956.

[19] Trigger, K.J. — How heat affects tool wear. Am. Machinist 110(1966) Nr.15, S. 101...105.

[20] Vieregge, G. — Zerspanung der Eisenwerkstoffe. 2.Aufl. Düsseldorf: Verl.Stahleisen, 1970.

[21] Wolf, A.; Jacobs, H.J. — Bestimmung der effektiven Standzeit beim Drehen mit variabler Schnittgeschwindigkeit. Fert.techn. u. Betrieb 17(1967) Nr.9, S. 542...547.

[22] Autorenkollektiv — Hütte Ingenieurs-Taschenbuch Theoretische Grundlagen. 28.Aufl. Berlin: Ernst, 1955.

Fertigungskosten, externe Bestimmung optimaler Einstellwerte

[23] Bartalucci, B.; Bedini, R.; Lisini, G.G. — On the optimum selection of machine tools in turning operation. CIRP-Ann. 17(1969) Nr.4, S.445...452.

[24] Brewer, R.C.
Rueda, R.
Vereinfachter Lösungsweg zur Wahl der günstigsten Schnittbedingungen. Ing. Digest 2(1963) Nr. 9, S. 65...86.

[25] Crookall, J.R.
The performance-envelope concept in the economics of machining. Int. J. Mach. Tool Des. Res. 9(1969) Nr. 3, S. 261...278.

[26] Eisele, F.
Die Wirtschaftlichkeit der Zerspanung. Maschinenmarkt 61(1955) Nr. 69, S. 99...105.

[27] Field, M. u.a.
Computerized determination and analysis of cost and production rates. Trans. ASME, J. Eng. Ind. 90(1968) Nr. 3, S. 455...466.

[28] Kochan, D.
Jacobs, H.J.
Automatische Festwert- und stetige Optimierung technologischer Arbeitsgrößen. Fert. technik u. Betrieb 20 (1970) Nr. 11, S. 682...688.

[29] Schaumann, R.
Ermittlung und Berechnung der kostengünstigsten Standzeit... wt-Z. ind. Fertig. 60(1970) Nr. 1, S. 14...21.

[30] Schubert, H.-D.
Produktionskosten bei Zerspanungsarbeiten zur Festlegung der wirtschaftlichen Schnittgeschwindigkeit. TZ f. prakt. Metallbearb. 64(1970) Nr. 5, S. 235...239.

[31] Shaw, M.C.
Wirtschaftlichkeitsbetrachtungen für die spanabhebende Bearbeitung. Ind.-Anz. 79 (1957) Nr. 56, S. 847...851.

[32] Witthoff, J.
Die rechnerische Ermittlung der günstigsten Arbeitsbedingungen ... Werkst. u. Betrieb 80(1947) Nr. 5, S. 77...84.

[33] Witthoff, J.
Die Ermittlung der günstigsten Arbeitsbedingungen bei der spanabhebenden Formgebung. Werkst. u. Betr. 85(1952) Nr. 10, S. 521...526.

AC-Systeme, Allgemeines, Übersichten

[34] Balakschin, B.S. — Use of adaptive contol systems for increasing machining accuracy. Mach. and Tooling 43 (1972) Nr. 4, S. 21...24.

[35] Centner, R.M. — What's ahead in adaptive control. Metalworking (1966) Nov., S. 69...73.

[36] Frost-Smith, E.H. — Optimization of the machining process and overall system concepts. CIRP-Ann. 18(1970) Nr. 2, S. 385...394.

[37] Kline, E.R. — Adaptive control economics. SME Paper No. MR 70-546 (1970).

[38] Kondaschewski, W.W., Fedotow, A.W. — Vergleichsanalyse verschiedener Systeme der adaptiven Steuerung. Werkst. u. Betrieb 105(1972) Nr. 3, S. 179...187.

[39] Löfquist, G., Colding, B. — Die wirtschaftlichen Möglichkeiten von AC-Systemen unterschiedlicher Qualität. Fertigung 2(1971) Nr. 4, S. 121...125.

[40] Maier, K. — Betriebsarten von Drehmaschinen. Ind.-Anz. 93(1971) Nr. 87, S. 2165...2166 (HGF-Bericht).

[41] Maier, K. — Geometrische Adaptive-Control-Einrichtungen an Werkzeugmaschinen. Ind.-Anz. 94(1972) Nr. 87, S. 2077...2078, (HGF-Bericht).

[42] Maier, K., Nann, R., Schwegler, H. — Steuerungssysteme und Programmierverfahren. wt-Z. ind. Fertig. 60(1970) Nr. 12, S. 750...754.

[43] Spur, G., Pritschow, G. — Adaptive control an spanenden Werkzeugmaschinen. VDI-Berichte Nr. 166(1971), S. 67...73.

[44] Stute, G., Maier, K. — Bericht über "Adaptive Control" bei Werkzeugmaschinen. VDW-Forschungsbericht, 1967.

[45] Stute, G., Maier, K., Schenke, L. — Adaptive Control bei Werkzeugmaschinen. VDW-Forschungsbericht Nr. 1004, 1972.

[46] Stute, G., Klingler, O., Schmid, D. — Anforderungen an die Vorschubantriebe von Werkzeugmaschinen im Hinblick auf AC. Vortrag beim IV. CIRP-Seminar on Optimization of manufacturing systems, Ljubljana 1972.

[47] Szafarczyk, M. — Assessment of adaptive control effectiveness. CIRP-Ann. 21(1972) Nr.1, S.115...116.

[48] Ulrich, P. — Adaptive Regeleinrichtungen an spanenden Werkzeugmaschinen aus regelungstechnischer Sicht. Fert.technik u.Betrieb 21(1971) Nr. 10, S. 599...603.

[49] Victor, H. — Adaptive control - Versuch einer einheitlichen Begriffsbestimmung. wt-Z.ind.Fertig. 63(1970) Nr.11, S.665.

<u>Entwicklung und Beschreibung einzelner AC-Systeme</u>

[50] Baisch, R., Meyer, J., Sautter, G. — NC-Drehen mit adaptiver Regelung. TZ f.prakt.Metallbearb. 65(1971) Nr.4, S.197...201

[51] Billett, R.A. — Studies of cutting temperature control applied to a lathe spindle speed. Proceedings MTDR Conference 1968, S. 1273...1287.

[52] Centner, R.M., Idelsohn, J.M. — A milestone in adaptive machine control. Control Engineering 11(1964) Nr. 11, S. 92..94.

[53] Degenhardt, U. — Grundlagen zur Optimierung der Zerspanungsbedingungen ... Aachen, Techn.Hochsch., Dr.-Ing.-Diss., 1968.

[54] Depiereux, W.-R. — Die Ermittlung optimaler Schnittbedingungen ... Aachen, Techn.Hochsch., Dr.-Ing.-Diss., 1969.

[55] Essel, K. — Entwicklung einer Optimierregelung für das Drehen. Aachen, Techn.Hochsch., Dr.-Ing.-Diss., 1972.

[56] Gieseke, E. — Automatische Schnittaufteilung beim Drehen. Ind.-Anz. 94(1972) Nr.14, S.290...293.

[57] Gieseke, E. — Adaptive Grenzregelung für die Drehbearbeitung. Ind.-Anz. 94(1972) Nr. 77, S.1829...1834.

[58] Giusti, F. — Régulation, "en process", des paramètres de coupe, en fonction de la température de coupe. CIRP-Ann. 18(1970) Nr.4, S.601...607.

[59] Götz, F.R.; Klingler, O.; Triantaphyllidis, C. — AC-Einrichtung an Werkzeugmaschinen mit selbstanpassendem Regelsystem ... Ind.-Anz. 94(1972) Nr.77, S.1847...1848 (HGF-Bericht).

[60] Groszmann, F.K.; Hemming, A.V. — Problems involved in the development of adaptive techniques. Proceedings MTDR Conference 1970, S. 465...482.

[61] Hoshi, T. — Japanische Werkzeugmaschinen. Werkst.u.Betrieb 106(1973) Nr.5, S. 325...330.

[62] Jaeschke, R.J.; Zimmerly, R.D.; Wu, S.M. — Automatic cutting tool temperature control. Int.J.Mach.Tool Des.Res. 7(1967) Nr.4, S. 465...475.

[63] Kanematsu, H. — On adaptive control techniques. Japan today's machine tool industry, 1972, S. 62...65.

[64] Kolotenkow, W.F. — Adaptive control geometrischer und technologischer Größen beim Zerspanen. Steuerungstechnik 4(1971) Nr. 6, S. 175...182.

[65] Korytin, A.M.; Shaparev, N.K. — Optimization of cutting control. Mach.a.Tooling 40(1969) Nr.11, S.30...33.

[66] Lankford, L.G.; Whittle, W.R. — Experimental adaptive machine tool control system. In: deVries, M.A. (Hrsg.) The expanding world of NC. Chicago 1972, S. 312...333.

[67] Ledergerber, A. — Adaptive Regelung bei der Drehbearbeitung. Ind.-Anz. 92(1970) Nr.70/71, S. 1646...1650.

[68] Pfeifer, T. — 6.Int. Werkzeugmaschinenausstellung in Tokio. Ind.-Anz. 95(1973) Nr.14, S.241...248.

[69] Pritschow, G. — Ein Beitrag zur technologischen Grenzregelung bei der Drehbearbeitung. Berlin, Techn. Univ., Dr.-Ing.-Diss.1972.

[70] Schenke, L.; Maier, K. — Entwicklung einer ACC-Einrichtung für die Stirnfräsbearbeitung. Unveröff. Bericht des Instituts für Steuerungstechnik, Univ. Stuttgart, 1973.

[71] Shillam, N.F. — Control of tool temperature and cutting force on a centre lathe. Machinery (London) 114(1969) Nr. 2946, S. 682...688.

[72] Stöckmann, P.; Schnell, B.K. — Adaptive Regelung einer nockengesteuerten Drehmaschine. Werkst. u. Betrieb 104(1971) Nr. 3, S. 151...155.

[73] Stute, G. u.a. — Adaptive Control beim Drehen. wt-Z. ind. Fertig. 61(1971) Nr. 2, S. 89...95.

[74] Stute, G.; Augsten, G. — Eine Adaptive-Control-Einrichtung für Drehmaschinen. wt-Z. ind. Fertig. 62(1972) Nr. 9, S. 528...532.

[75] Stute, G.; Götz, F.R. — Anwendung adaptiver Systeme bei spanenden Werkzeugmaschinen. In: Vorabdruck der Beiträge zu "Industrielle Anwendung adaptiver Systeme" Düsseldorf: VDI/VDE-Ges. f. Regelungst., 1973.

[76] Takeyama, H. u.a, — Optimierende Steuerung bei Drehbearbeitungen. Werkst. u. Betrieb 103(1970) Nr. 9, S. 627...637.

[77] Vul'fson, I.A. — Automatic control of feeds and speeds in numerically controlled machines. Mach. a. Tooling 36 (1965) Nr. 9, S. 2...6.

[78] Offenlegungsschrift 1 463 038 Cincinnati Milling Mach. Co., Cincinnati, 1965.

[79] Druckschriften der Firmen:

Bendix	USA 1970	General Electric	USA 1969
Gebr. Boehringer	BRD 1971	Heyligenstaedt	BRD 1971
Csepel	Ung. 1972	WMW	DDR 1970

Sensoren und Meßverfahren

[80] Blankenstein, B. — Entwicklung eines Dreikomponenten-schnittkraftmessers. Ind.-Anz. 90(1968) Nr. 85, S. 1909...1912.

[81] Dietze, M. — Ein verbessertes Drehmoment-Meßverfahren. Masch.bau 16(1967) Nr. 6, S. 254...258.

[82] Felber, S.; Schönitz, J.; Dietrich, K. — Meßsysteme für adaptiv geregelte Werkzeugmaschinen. In: Adaptive Regelung an spanenden Werkzeugmaschinen. Karl-Marx-Stadt: Großforschungszentrum des Werkzeugmasch.baues, 1972.

[83] de Filippi, A.; Ippolito, R. — Adaptive control in turning ... CIRP-Ann. 17(1969) Nr. 3, S. 377...385.

[84] Klicpera, U. — Vom Kraftangriffspunkt unabhängiger 3-Komponenten-Schnittkraftmesser. Ind.-Anz. 92 (1970) Nr. 104, S. 2515...2516 (HGF-Bericht).

[85] Lenz, E. — Die Temperaturmessung beim Zerspanen. Werkst.techn. 54(1964) Nr. 9, S. 422...426.

[86] Leonards, F. — Verschleißsensoren für ACO-Systeme bei der Drehbearbeitung. Vortrag beim ACO-Kolloquium Aachen 28.5.1973.

[87] Maier, K. — Einrichtung zum Messen der Zerspankraft beim Stirnfräsen. wt-Z. ind. Fertig. 63(1973) Nr. 6, S. 341...346.

[88] Mayer, K. — Schnittkraftmessungen an der rotierenden Fräserschneide. Stuttgart, Univ., Dr.-Ing.-Diss., 1968.

[89] Schallbroch, H.; Mayer, E. — Die Messung der Schnittemperaturen beim Drehvorgang durch Anwendung der Infrarot-Foto-Thermometrie. Bericht Nr. 4, Inst. f. Wzm. u. Fertig. tech. der TU Berlin, 1966.

[90] Sorokoletov, L. A.; Geisherik, V. S. — Changing from rapid approach to feed on grinding machines. Mach. a. Tooling 38(1967) Nr. 1, S. 12...13.

[91] Stöferle, T. Bellmann, B. — Verschleißsensoren für adaptive Regelungen bei der Drehbearbeitung. Werkst. u. Betrieb 105(1972) Nr. 8, S. 577...582.

[92] Takeyama, H. u. a. — Sensors of tool life for optimization of machining. Proceedings MTDR Conference 1967, S. 191...208.

[93] Weller, E. J. Schrier, H. M. Weichbrodt, B. — What sound can be expected from a worn tool? Trans. ASME, Journ. Eng. Ind. 91(1969) Nr. 3, S. 525...534.

[94] Offenlegungsschrift 1 801 418 Giddings & Lewis Inc., Fond du Lac, 1968.

[95] Kraftmeßlager in Werkzeugmaschinen. Druckschriften der SKF-Kugellagerfabriken, Schweinfurt, o. J.

Formelzeichen und Abkürzungen

Formelzeichen

Um den Aufbau der durch die Formelzeichen symbolisierten Größen zu kennzeichnen, ohne spezielle Einheiten festlegen zu müssen, wird für jede nichtelektrische Größe die Dimension angegeben. Als Grundgrößen werden verwendet:

Länge, Dimension	L	Temperatur, Dimension	Θ
Zeit, "	T	Währung, "	W
Kraft, "	F		

a	L	Schnittiefe
a_0, a_1	L	Anfangs-, Endschnittiefe
$a_{kv\ opt}$	L	volumkostenoptimale Schnittiefe
a_A	LT^{-2}	Beschleunigung bzw. Verzögerung
A	L	Abstand Schneidenebene-Meßebene
b	L	Spanungsbreite
B	L	Werkstück-Schnittbreite
$1-c$	1	Anstiegswert der spezifischen Schnittkraft
C	$L^{p+q}\,T^{1-p}$	Konstante der Standzeitgleichung
C_2, C_4	L^{-1}	Maschinenkonstanten zur Berechnung
C_3	LL^{-1}	der Reaktionskräfte
C_5	*)	Konstante der Gl. für Schnittiefe bzw. Drehradius
d	L	Durchmesser
$d_1 \dots d_6$	1	Exponenten in Volumkostengleichung
D	L	Fräserdurchmesser
$D_1 \dots D_6$	*)	Konstanten in Volumkostengleichung
e	L	Exzentrizität der Fräserstellung
E	FL^{-2}	Elastizitätsmodul
F	F	Kraft
F^*	F	Hauptwerte der Zerspankraftkomponenten (φ = 90°)
F_{id}	F	ideelle Abdrängkraft
F_G	F	Gewichtskraftanteil
F_P	F	Rückkraft

F_R	F	Radialkraft am Bodenrad
F_U	F	Umfangskraft am Bodenrad
F_V	F	Vorschubkraft
F_z	F	Zerspankraft
G	FL^{-2}	Schubmodul
G_{Sp}	F	Spindelgewichtskraft
G_W	F	Werkstückgewichtskraft
h	L	Steghöhe
h	L	Spanungsdicke
I	L^4	polares Flächenträgheitsmoment
I_m		Motorstrom
J	FLT^2	Massenträgheitsmoment
k	1	Dehnungsempfindlichkeit von Dehnungsmeßstreifen
k_{lm}	WT^{-1}	Lohn- und Maschinen-Zeitsatz
k_s	FL^{-2}	spezifische Schnittkraft
$k_{s1.1}$	FL^{-2}	Hauptwert der spezifischen Schnittkraft
k_v	WL^{-3}	Volumkosten
K	W	Fertigungskosten je Werkstück oder je Schnitt
K_W	W	Werkzeugkosten
$\dot{K}$	WT^{-1}	Kostenanstieg
K_1	$\Theta T^{K_2} L^{-K_2-K_3}$	Konstante der Schnittemperaturgleichung
K_2, K_3	1	Exponenten der Schnittemperaturgleichung
l	L	Meßlänge
l_W	L	Auskraglänge des Werkzeugs
l_{SW}	L	Schwerpunktabstand des Werkstücks
$l_1 \ldots l_6$	L	Längen zur Berechnung der Reaktionskräfte
L	L	Drehlänge, Werkstücklänge, Abgreiflänge
M	FL	Moment
n	T^{-1}	Drehzahl
p	1	Exponent der Schnittgeschwindigkeit in der Standzeitgleichung
P	FLT^{-1}	Leistung

P_m	FLT^{-1}	Motorleistung
q	1	Exponent des Vorschubs in der Standzeitgleichung
Q	L^3T^{-1}	Spanungsstrom (zerspantes Werkstoffvolumen/Zeit) (im Text auch "realer Spanungsstrom")
Q_0	L^3T^{-1}	idealer Spanungsstrom (ohne Berücksichtigung der Werkzeugwechselzeit)
r	L	Drehradius, Fräserradius
r_0, r_1	L	Anfangs-,Enddrehradius
r_{Bo}	L	Teilkreisradius des Bodenrads
R	L	Rohteilradius
s	L	Vorschub
s*	L	Maximalwert des Vorschubs beim Anschnitt
s_{min}	L	Mindestvorschub
s_{max}	L	maximaler Bearbeitungsvorschub
s_z	L	Vorschub je Schneide
S	L^2	Querschnitt
t	T	Zeit
$t_{s,k}$	T	Vergleichsschnittzeit (konventionelle Bearbeitg.)
t_Q	T	Bezugszeit für den realen Spanungsstrom
t_W	T	Werkzeugwechselzeit
T	T	Werkzeugstandzeit
T	T	Abbremszeitkonstante
T_A	T	Totzeit von Sensor, Steuerung, Antrieb
T_U	T	Zeit für eine Umdrehung
u	LT^{-1}	Vorschubgeschwindigkeit
u_0	LT^{-1}	Anfahrvorschubgeschwindigkeit
U	1	bezogene Vorschubgeschwindigkeit $u_0/n \cdot s^*$
U_A		Ausgangsspannung
U_E		Eingangsspannung
U_m		Motorspannung
ü	1	Übersetzungsverhältnis (Dehnungen)
v	LT^{-1}	Schnittgeschwindigkeit
V	L^3	Spanungsvolumen

W	L	Werkzeugverschleißgröße
W_b	L^3	Biegewiderstandsmoment
W_t	L^3	Torsionswiderstandsmoment
W_0	L	Anfangsverschleiß
$\dot{W}$	LT^{-1}	Verschleißgeschwindigkeit
x	L	Plankoordinate (Drehen), Radialkoordinate (Fräsen)
x	LF^{-1}	Eichfaktor
y	L	Radialkoordinate (Fräsen)
y	LF^{-1}	Eichfaktor
z	L	Längskoordinate (Drehen), Axialkoord. (Fräsen)
z_0, z_1	L	Anfangs-, Endkoordinate der Längsvorschubbewegung
z_m	L	Längskoordinate für maximales (a·r)
z_s	1	Schneidenzahl (Fräswerkzeug)
z_{sE}	1	Zahl der im Eingriff stehenden Schneiden
α	LL^{-1}	Schnittiefenverhältnis a_0/a_1
α'	LL^{-1}	Schnittiefenverhältnis a_1/a_0
α_B	$LT^{-2}L^{-1}T^2$	bezogene Beschleunigung
α_Z	LL^{-1}	Eingriffswinkel der Verzahnung
γ	LL^{-1}	Schiebung
δ	L	Spindelabdrängung
δ_x, δ_y	L	Spindelabdrängungskomponenten in x- u. y-Richtg.
ε	LL^{-1}	Dehnung
$\varepsilon_{45°}$	LL^{-1}	Meßdehnung bei Torsion unter 45° zur Achse
η	LF^{-1}	Übersprechfaktor
ϑ	Θ	Schnittemperatur
ϑ_m	Θ	Motortemperatur
κ	LL^{-1}	Einstellwinkel der Hauptschneide
μ	1	Querzahl
ξ	LF^{-1}	Übersprechfaktor
ϱ	LL^{-1}	Radienverhältnis r_0/r_1
τ	TT^{-1}	Zeitverhältnis ($T_U - T_A$)/ T

τ_A	TT^{-1}	Zeitverhältnis T_A / T_U
τ_W	TT^{-1}	Zeitverhältnis t_s/T
φ	LL^{-1}	Vorschubrichtungswinkel (Schnittwinkel)
φ	LL^{-1}	Torsionswinkel
ω	$LL^{-1}T^{-1}$	Winkelgeschwindigkeit

Mehrfach benutzte Indizes

a Axial-

b Biege-

B Beschleunigungs- (Verzögerungs-)

gr Grenzwert

h horizontal

H Hülse

i Laufindex

j Laufindex

k Vergleichs- (konventionelle Bearbeitung)

M Meßstelle

r Radial-

RS Reitstockspitze

s Schnitt-

Sp Spindel-

SS Spindelspitze

t Tangential- (Kräfte)

t Torsions- (Momente)

v vertikal

Vo Meßvorrichtung

x in x-Richtung

y in y-Richtung

Abkürzungen

AC Adaptive Control

ACC Grenzregelung

ACG Geometrische Grenzregelung

ACO Optimierregelung

BA Betriebsart(en)

BE Bearbeitungselement(e)

DMS Dehnungsmeßstreifen

Gl. Gleichung(en)

NC Numerische Steuerung

*) je nach Gleichung unterschiedliche Dimension

1. Einführung und Aufgabenstellung

Wirtschaftliche und menschlich bedingte Notwendigkeiten stellen der Technik die Aufgabe, die Produktivität der Gütererzeugung zu steigern [5]. Die Erzeugung von Gütern kann in verschiedenen Teilprozessen erfolgen. Einer dieser Teilprozesse ist der Fertigungsvorgang, er läuft industriell mit Hilfe von Fertigungseinrichtungen ab. Metallische Werkstücke werden in der Einzel- und Kleinserienfertigung überwiegend und auch in der Großserie mit großem Anteil durch Spanen bearbeitet. Eine wichtige Aufgabe besteht also darin, die Produktivität der Fertigung auf spanenden Werkzeugmaschinen zu erhöhen.

Eine Methode hierzu ist die Automatisierung mit den Möglichkeiten der Zuordnung von Steuerungs-, Regelungs-, adaptiven Regelungs- oder Lernsystemen zur Werkzeugmaschine [17]. Dieser Einteilung entsprechend können verschiedene Entwicklungsstufen automatisierender Einrichtungen an Werkzeugmaschinen unterschieden werden. Zur spanenden Fertigung sind einerseits geometrische Informationen über Gestalt und Abmessungen des zu fertigenden Werkstücks, andererseits technologische Informationen über den Ablauf des Zerspanvorgangs erforderlich. Die Verarbeitung geometrischer Informationen wurde durch die Einführung von Steuerungseinrichtungen wie Nocken-, Nachform- oder numerische Steuerungen automatisiert. Durch Einbeziehen des Bearbeitungsergebnisses in den Informationsfluß wurden mit einigen Meßsteuerungen Regelkreise für geometrische Größen geschaffen. Seit einigen Jahren sind Bestrebungen bekannt, nun auch den Spanungsvorgang selbst zu überwachen und zu beeinflussen ("Adaptive Control"). Adaptive Regelsysteme im Sinne der genannten Einteilung sollen den Bearbeitungsvorgang selbsttätig nach meist wirtschaftlichen Kriterien optimal ablaufen lassen; sie werden, wie auch die lernenden Systeme, noch nicht praktisch eingesetzt.

Die Methoden und Einrichtungen zur Führung des Bearbeitungsvorgangs auf spanenden Werkzeugmaschinen mit Hilfe von Regelungen für den Spanungsprozeß stellen das Thema der vorliegenden Arbeit dar.
Die Vielfalt der auf diesem Gebiet entstandenen Begriffe erschwert es

sehr, anhand von Veröffentlichungen und Beschreibungen ein zutreffendes Bild von Aufbau, Wirkungsweise und Einsatzmöglichkeiten der Adaptive-Control-Anlagen zu gewinnen und unterschiedliche Ausführungsformen zu vergleichen. Verbindliche Normen oder Richtlinien, die hierzu eine Hilfe sein könnten, fehlen noch. Daher stellt sich zunächst die Aufgabe, durch praktisch anwendbare Definitionen Abgrenzungen zu schaffen und die Ausführungsformen zu klassifizieren, um so die Begriffe zu vereinheitlichen.

In den letzten Jahren sind an verschiedenen Stellen Adaptive-Control-Einrichtungen unterschiedlicher Prinzipien - hauptsächlich für die Drehbearbeitung - entwickelt worden [45] , sie werden jedoch nur in geringem Maß in der Fertigung eingesetzt. Ein wesentlicher Grund liegt darin, daß Bewertungskriterien für derartige Anlagen fehlen, die es möglichen Anwendern erlauben würden, zum einen den Nutzeffekt einer Adaptive-Control-Einrichtung im jeweiligen Einsatzfall abzuschätzen und zum anderen die Anlage mit dem bestgeeigneten Arbeitsprinzip auszuwählen. Es ist deshalb notwendig, solche Bewertungskriterien aufzustellen. Hierzu müssen die technisch möglichen Arbeitsprinzipien der Regelungen für den Spanungsprozeß untersucht sowie Methoden zur Beschreibung ihrer Eigenschaften und zu ihrer Beurteilung entwickelt werden.

Adaptive-Control-Einrichtungen setzen Meßwertaufnehmer (Sensoren) zur prozeßbegleitenden Erfassung von Größen voraus, die den Zustand oder Ablauf des Bearbeitungsprozesses kennzeichnen. Der Einsatz dieser Einrichtungen beim Fräsen wird gehemmt durch das Fehlen geeigneter Sensoren. Um auch die Fräsbearbeitung auf diese Weise automatisieren zu können, ist die Entwicklung von Meßwertaufnehmern für den Einsatz an Fräsmaschinen vordringlich.

Ziel der Arbeit ist einmal, die kennzeichnenden Eigenschaften von Grenzregelungen an spanenden Werkzeugmaschinen zu ermitteln und danach Bewertungskriterien festzulegen, mit denen die Auswahl einer bestgeeigneten Ausführungsform ermöglicht wird. Zum anderen sollen Sensoren entwickelt werden, mit denen Grenzregelungen an Fräsmaschinen aufgebaut werden können.

2. Adaptive-Control-Systeme an Werkzeugmaschinen

Seit 1960 sind unter dem Begriff "Adaptive Control" (AC) Automatisierungseinrichtungen an spanenden Werkzeugmaschinen bekanntgeworden. Das vorliegende Kapitel soll einen allgemeinen Überblick über dieses Gebiet geben und es durch Definitionen gliedern, die aus den unterschiedlichen Aufgaben solcher Einrichtungen in der Fertigung abgeleitet werden müssen.

2.1 Aufgaben der Adaptive-Control-Einrichtungen

Die Automatisierungseinrichtungen zur Programmsteuerung und zur Werkstück- und Werkzeughandhabung hatten hauptsächlich zu einer Reduzierung der Neben- und Rüstzeiten geführt. Die Forderung nach weiterer Produktivitätssteigerung durch wirtschaftliche Bearbeitung kann nur erfüllt werden, wenn auch die Schnittzeit verringert und damit der Ablauf des Spanungsvorgangs verbessert wird.

Der Spanungsvorgang ist zeitlich veränderlichen Störeinflüssen ausgesetzt, die von Maschine, Werkzeug, Werkstück und Umgebung ausgehen. Sie bewirken, daß bei der bislang notwendigen festen Einstellung von Bearbeitungsgrößen, die den Ablauf des Spanungsvorgangs steuern, selbst bei genauer Kenntnis der maßgebenden Zerspanungseigenschaften und damit der einzustellenden Schnittwerte keine ständig optimale Bearbeitung im Sinne minimaler Fertigungskosten oder maximaler zeitbezogener Produktionsmenge möglich wäre. Außerdem können wegen unvermeidbarer Streuungen der Zerspanbarkeitseigenschaften der Werkstücke und der Verschleißeigenschaften der Werkzeuge für bekannte Kombinationen allenfalls Bereiche solcher günstiger Schnittwerte angegeben werden. Diese Unsicherheiten zwingen bei der Festlegung der Schnittwerte für einen Bearbeitungsvorgang (Programmierung) dazu, den schlechtestmöglichen Fall zugrundezulegen, um Überlastungen und Schäden an Maschine, Werkzeug und Werkstück zu vermeiden.

Daraus ergeben sich zwei unterschiedliche Aufgabenbereiche für AC-Einrichtungen:

1. Das ständige Überwachen des Spanungsvorgangs mit dem Ziel, diesen unabhängig von der Reaktionsfähigkeit eines Bedienungsmanns so zu führen, daß einerseits Überlastungen mit Sicherheit vermieden, andererseits aber die Fähigkeiten von Maschine und Werkzeug möglichst weitgehend ausgenutzt werden, um die seither notwendigen Reserven in den Schnittwerten nutzen zu können. Hierzu gehört auch die selbsttätige Aufteilung großer Bearbeitungszugaben auf mehrere aufeinander folgende Schnitte bei der numerisch gesteuerten oder der Nachformbearbeitung, um den Rüstaufwand, z.B. für die Programmierung, zu reduzieren. Diese Aufgabe erfordert eine ständige Anpassung der Schnittwerte an den Bearbeitungsablauf, sie kann durch Regeln gelöst werden.

2. Das selbsttätige Aufsuchen und Einstellen derjenigen Schnittwerte während der Bearbeitung, die nach einem festzulegenden Kriterium (z.B. Fertigungskosten, Fertigungszeit) bestmögliche Bearbeitungsergebnisse liefern. Diese Aufgabe erfordert eine ständige Identifikation des Prozeßzustands und Modifikation der Schnittwerte, sie muß durch Optimieren gelöst werden.

Regelungen waren an Werkzeugmaschinen zunächst als "Meßsteuerungen" (Maß-Regelungen) zur Beeinflussung geometrischer Größen (Werkstückmaße) in der Feinbearbeitung eingesetzt worden. Numerische Steuerungen hatten Positionsregelkreise an der Maschine erforderlich gemacht, bei denen der Spanungsprozeß nicht einen Teil der Regelstrecke darstellt, sondern nur als Quelle von Störgrößen wirkt. Regelungen für nicht geometrische Regelgrößen des Spanungsvorgangs sind etwa von 1955 an entwickelt worden.

Vorstufen solcher Überwachungsanlagen sind die Überlastsicherungen (Überstromauslöser, "Spanwächter"); sie wirken als Abschaltkreise, die Überlastursache muß durch manuellen Eingriff beseitigt werden. 1952 hatte Schmid [16] unter der Bezeichnung "Automatik zur Selbstanpassung des Arbeitsspiels einer Maschine an den verlangten Produktionsvorgang" eine Einrichtung zur selbsttätigen Schnittaufteilung beim Nachformdrehen vorgeschlagen, bei der abhängig von der gemessenen Schnittkraft Vorschubgeschwindigkeiten in Plan- und Längsrichtung ab- und zugeschaltet werden sollten. Um 1960 wurden aus den USA die ersten als "Adaptive Control " bezeichneten Regelungen für den Spanungsvorgang bekannt. Während hier zunächst die Lösung technologisch schwieriger Bearbeitungsaufgaben (z.B. werkstückbedingt schwache Werkzeuge, schwerzerspanbare Werkstoffe) im Vordergrund stand, zielte die Entwicklung in der Sowjetunion auf eine wirtschaftliche Bearbeitung von Werkstücken hoher Maßgenauigkeit ab. Um 1967 begann dann auch in Westeuropa - vorwiegend für die Drehbearbeitung - die Entwicklung solcher Regelungen, während in den USA, bedingt durch die Luft- und Raumfahrtindustrie, das Hauptgewicht auf die Fräsbearbeitung gelegt worden war.

Das Bestreben, die Werkstücke mit möglichst geringem Aufwand an Zeit oder Kosten zu bearbeiten, hatte schon frühzeitig dazu geführt, bei der Arbeitsvorbereitung "optimale" Schnittwerte zu ermitteln und das Vorgehen durch Nomogramme, Rechenalgorithmen oder schließlich Digitalrechenprogramme zu vereinfachen. Eine selbsttätige Optimierung des Bearbeitungsvorgangs war schon 1955 von Eisele [26] angedeutet worden, der vorgeschlagen hatte, zur Erzielung von Bestwerten der Fertigungskosten "das starre System der Vorkalkulation... durch Anwendung der selbsttätigen Regelung aufzulockern", wozu (intermittierende) Messungen des Werkzeugverschleißes notwendig seien. Ab 1962 war in den USA eine Einrichtung zur selbsttätigen Optimierung der Schnittwerte (Minimierung der Volumkosten) während der Bearbeitung entwickelt worden, bei der die Schwierigkeit der Messung des Werkzeugverschleißes als wesentlichem Kostenfaktor dadurch umgangen werden sollte, daß die Werkzeugverschleißgeschwindigkeit nach einer empirisch ermittelten Funktion aus den Größen Spanungsstrom (zerspantes Werkstoffvolumen/Zeit), Schnittemperatur und Drehmomentänderung ermittelt wird (Bendix, [52]). Diese Einrichtung war zwar sehr bekannt geworden, konnte jedoch nicht zur vollen Einsatzreife gebracht werden [17] .

Bei einer Optimiereinrichtung nach Takeyama [76] soll der Schnittkraftanstieg über der Zerspanzeit als Maß für die zu erwartende Werkzeugstandzeit dienen, aus der dann eine einzustellende optimale Schnittgeschwindigkeit errechnet werden kann. Zielfunktion einer von Korytin und Shaparev [65] beschriebenen Optimiereinrichtung ist eine maximale Ausbringung unter Berücksichtigung verschleißbedingter Werkzeugwechselzeiten, als Verschleißmeßgröße dient die Schnittemperatur. In Deutschland sind bislang nur Optimierstrategien und Prozeßrechnerprogramme für das Drehen entwickelt worden, die funktionsfähige Verschleißsensoren voraussetzen [53...55] .

2.2 Definitionen und Benennungen der Adaptive-Control-Einrichtungen

Für AC-Einrichtungen an Werkzeugmaschinen sind lange Zeit die Definitionen der adaptiven Regelung aus der Regelungstechnik benutzt worden. Häufig lag den Begriffsbestimmungen, beeinflußt durch die erste in weiterem Rahmen bekanntgewordene Anlage von Bendix, allein die Optimierungsaufgabe zugrunde. Zwar hatte Centner [35] 1966 auf den Unterschied hingewiesen zwischen optimierenden Einrichtungen und solchen, die Kenngrößen innerhalb bestimmter Grenzen (constraints) halten sollen, und in [44] waren hierfür die Bezeichnungen "Optimierregelung" und "Anpaßregelung" vorgeschlagen worden, doch setzten sich diese Ansichten nur zögernd durch.

In der Bundesrepublik wurde aus dem Kreis der Lehrstühle der Hochschulgruppe Fertigungstechnik (HGF) 1970 vorgeschlagen, den Ausdruck "Adaptive Control" (AC) ohne Übersetzung aus dem Amerikanischen zu übernehmen und Einrichtungen zur Lösung der Regelungsaufgabe als "Grenzregelungen" (ACC, von Adaptive Control Constraint), Einrichtungen zur Lösung der Optimierungsaufgabe als "Optimierregelungen"(ACO, von Adaptive Control Optimization) zu bezeichnen [49] . In der DDR sind dafür "Auslastungsregelung" und "Bestwertregelung" gebräuchlich. Um

Verwechslungen mit adaptiven Regelungen auszuschließen, wäre für AC-Einrichtungen auch der Ausdruck "Zerspanungsregelung" denkbar, doch sollen in dieser Arbeit der Einheitlichkeit wegen die Bezeichnungen nach dem HGF-Vorschlag verwendet werden.

2.2.1 Definitionen : Grenz- und Optimierregelungen

Fertigungskosten, Ausbringung (Zahl der gefertigten Werkstücke / Zeit) und Bearbeitungsqualität (Maßgenauigkeit und Oberflächengüte der gefertigten Werkstücke) sind Kriterien für Ablauf und Ergebnis eines Fertigungsvorgangs auf einer Werkzeugmaschine (Bild 2-1). Sie sind Funktionen einmal der Gegebenheiten von Maschine, Werkzeug, Werkstück und Umgebung, zum anderen der eingestellten Schnittwerte (Bearbeitungsgrößen) - die ihrerseits aufgrund dieser Gegebenheiten zu wählen sind - und schließlich der zeitlich veränderlichen Störeinflüsse auf den Prozeß. Diese Kriterien beeinflussen sich gegenseitig; hohe Ausbringung, geringe Fertigungskosten und hohe Bearbeitungsqualität treten nicht gleichzeitig auf und können durch Verändern der Schnittwerte auch nicht gleichsinnig beeinflußt werden. Über eine Gewichtung der Einzelkriterien kann als Kompromiß ein Gütegrad der Bearbeitung definiert werden; Ziel der Fertigung ist, einen möglichst hohen Gütegrad ("optimale Bearbeitung") zu erreichen.

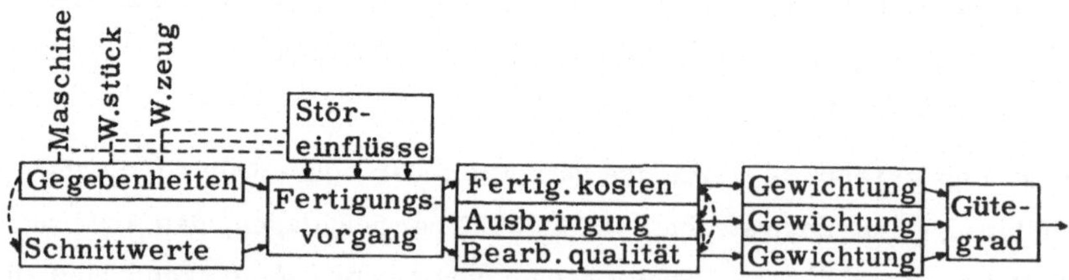

Bild 2-1: Gütegrad eines Fertigungsvorgangs

Wegen der nicht vorherbestimmbaren Störeinflüsse auf den Fertigungsvorgang gelingt es nicht, die Schnittwerte von vornherein so festzulegen, daß ein maximaler Gütegrad erreicht und gehalten wird; Bild 2-2a stellt dies vereinfacht dar. Der Gütegrad sei Funktion nur einer Bearbeitungsgröße, die Funktion ändere sich zeitlich infolge der Störgrößen (gestrichelt), so daß bei fester Schnittwertvorgabe der Gütegrad stark schwankt.

Die vorne umrissene Regelungsaufgabe besteht darin, den Gütegrad trotz der Störungen konstant zu halten. Dazu wären Meßwertaufnehmer notwendig, die während des Spanungsvorgangs bestimmte Meßgrößen erfassen, aus denen der momentane Gütegrad ermittelt werden kann. Ist- und Sollwert des Gütegrads wären in einem Regler zu verarbeiten, der die Bearbeitungsgröße als Stellgröße im Sinn einer Angleichung verstellt (Bild 2-2b). Die Realisierung einer solchen Gütegradregelung scheitert daran, daß bisher geeignete Verfahren zur Gütegraderfassung fehlen. Stattdessen wird bei der Grenzregelung (Bild 2-2 c) eine Kenngröße des Spanungsvorgangs gemessen und mit Hilfe einer Regeleinrichtung konstant gehalten, wodurch der Schwankungsbereich des Gütegrads aber nur verringert, nicht völlig beseitigt werden kann. Man kann somit definieren:

> Grenzregelungen (ACC-Systeme) an Werkzeugmaschinen sind Festwertregelungen im üblichen Sinn [2] , die durch Verstellen einer oder mehrerer Stellgrößen trotz des Einwirkens von Störgrößen auf die Regelstrecke Spanungsvorgang eine oder mehrere Regelgrößen als Kenngrößen des Spanungsvorgangs selbsttätig konstant auf vorgegebenen Sollwerten halten, sofern dabei bestimmte Werte anderer überwachter Größen, der Grenzgrößen, nicht über- oder unterschritten werden.

Die Optimieraufgabe von AC-Einrichtungen lautet, wie bei den Gütegradregelungen den momentanen Wert des Gütegrads zu ermitteln und mit Hilfe einer Optimiereinrichtung anhand eines algorithmischen Modells oder über ein Suchverfahren die Bearbeitungsgrößen selbsttätig so zu verstellen, daß der Gütegrad seinem momentan erreichbaren Maximalwert zustrebt. Im Gegensatz zur externen Vorabbestimmung optimaler Schnittwerte (Festwertoptimierung) ist bei dieser Prozeßoptimierung die störgrößenbeeinflußte Optimierstrecke "Spanungsvorgang" in den Optimierkreis einbezogen. Bild 2-2d zeigt das Prinzip dieser Optimierregelung. Die Definition lautet:

Optimierregelungen (ACO-Systeme) an Werkzeugmaschinen sind Regelungen, die durch Verstellen einer oder mehrerer Stellgrößen trotz des Einwirkens von Störgrößen auf die Optimierstrecke Spanungsvorgang einen aus meist mehreren Meßgrößen ermittelten Gütegrad des Bearbeitungsvorgangs selbsttätig auf dessen momentanen Maximalwert bringen, sofern dabei bestimmte Werte anderer überwachter Größen, der Grenzgrößen, nicht über- oder unterschritten werden.

Der übergeordnete Begriff kann definiert werden:

Adaptive-Control-Systeme (AC) an Werkzeugmaschinen sind Regelungen zur selbsttätigen Führung des Spanungsvorgangs.

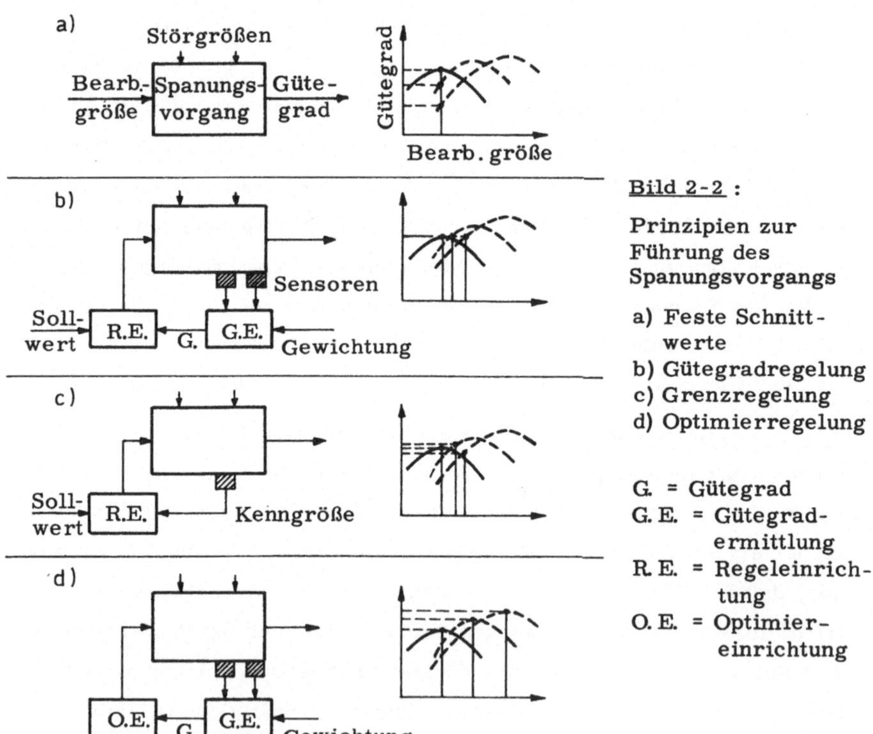

Bild 2-2 :

Prinzipien zur Führung des Spanungsvorgangs

a) Feste Schnittwerte
b) Gütegradregelung
c) Grenzregelung
d) Optimierregelung

G. = Gütegrad
G. E. = Gütegradermittlung
R. E. = Regeleinrichtung
O. E. = Optimiereinrichtung

2.2.2 Definitionen: Geometrische und Technologische AC-Systeme

Meßsteuerungen (Maß- Regelungen), die aufgrund von Messungen geometrischer Größen am Werkstück die Position des Werkzeugs beeinflussen, werden oft den Adaptive-Control-Einrichtungen zugerechnet ("dimensional adaptive control"). Gelegentlich wird auch unterschieden zwischen "technologischen" und "geometrischen" AC-Einrichtungen.

Mit Optimierregelungen soll ein maximaler Gütegrad der Bearbeitung erreicht werden. Zweck von Optimierregelungen, bei denen die Gütegradkomponente Bearbeitungsqualität (Bild 2-1) besonders stark gewichtet wird, ist die kosten- oder zeitminimale Fertigung von Werkstücken geforderter (hoher) Maßgenauigkeit und Oberflächengüte; eine Umschreibung der Aufgabe als "Anstreben optimaler geometrischer Größen" ist nicht sinnvoll. Für Maßgenauigkeit und Oberflächengüte gibt es bei der Fertigung nur einen geforderten, keinen optimalen Wert. Daher ist es nicht gerechtfertigt, technologische und geometrische Optimierregelungen zu unterscheiden.

Dagegen ist bei Grenzregelungen eine Unterteilung möglich, die sich aus der Art der Regelgröße ergibt. In Bild 2-3 sind Maschine und Spanungsprozeß zu einem von Störgrößen beeinflußten Block Bearbeitungsvorgang zusammengefaßt; ein Werkstück ist während und nach der Bearbeitung dargestellt. Mit Meßwertaufnehmern können Kenngrößen verschiedenen Charakters erfaßt werden: geometrische Größen am Werkstück während oder nach der Bearbeitung (G_W), z.B. Werkstückdurchmesser, prozeßbeeinflußte geometrische Größen an der Maschine oder dem Werkzeug (G_M), z.B. Spindelabdrängung, oder schließlich prozeßbeeinflußte nichtgeometrische Größen (z.B. Schnittkraft), die als technologische Größen (T) bezeichnet seien. Die Führung des Bearbeitungsvorgangs erfolgt dadurch, daß eine der drei Arten von Kenngrößen als Regelgröße durch Verstellen einer geometrischen (G) Stellgröße, z.B. Werkzeugzustellung, oder einer nichtgeometrischen (hier: technologischen) Stellgröße (T) konstant gehalten wird.

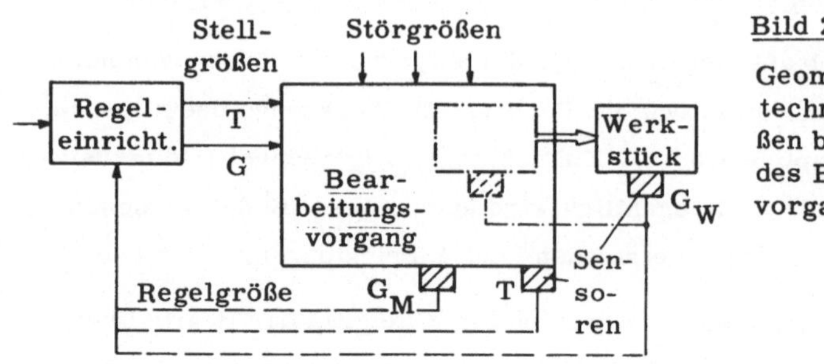

Bild 2-3 :

Geometrische und technologische Größen bei der Führung des Bearbeitungsvorgangs [41]

Damit ergeben sich sechs verschiedene Prinzipien der Führung des Bearbeitungsvorgangs (Tabelle 2-I). Prinzip 1 entspricht den gebräuchlichen Grenzregelungen mit technologischer Regel- und Stellgröße (z.B. Schnittkraftregelung durch Verstellen der Vorschubgeschwindigkeit); bei Prinzip 2 wird eine geometrische Stellgröße benutzt (z.B. Werkzeugzustellung). Einrichtungen nach diesen beiden Prinzipien können nach dem Charakter der Regelgröße als "Technologische Grenzregelung" bezeichnet und ergänzend zu Abschnitt 2.2.1 wie folgt definiert werden:

Technologische Grenzregelungen (ACC) an spanenden Werkzeugmaschinen sind Regelungen, die eine nichtgeometrische ("technologische") Regelgröße auf einem vorgegebenen Sollwert halten.

Nr.	Regelgröße	Stellgröße	Prinzip
1	T	T	Technologische Grenzregelung
2	T	G	
3	G_M	T	Geometrische Grenzregelung
4	G_M	G	
5	G_W	T	
6	G_W	G	Meßsteuerung

Tabelle 2-I :

Prinzipien der Führung des Bearbeitungsvorgangs

Nach den Prinzipien 3 und 4 wird eine geometrische nicht werkstückgebundene Kenngröße (z.B. maßbestimmende Werkzeugverlagerungen) durch Verstellen einer geometrischen oder nichtgeometrischen Stellgröße geregelt, sie können als geometrische Grenzregelungen (ACG) bezeichnet werden. Ihre Definition lautet:

Geometrische Grenzregelungen (ACG) an spanenden Werkzeugmaschinen sind Regelungen, die eine geometrische, nicht am Werkstück erfaßte Regelgröße auf einem vorgegebenen Sollwert halten mit dem Ziel, trotz nicht vorherbestimmbarer Einflüsse von Störgrößen eine geforderte Maßgenauigkeit der Werkstücke einzuhalten.

Prinzip 6 entspricht den üblichen Meßsteuerungen, als Definition wird vorgeschlagen:

Meßsteuerungen (Maß-Regelungen) an spanenden Werkzeugmaschinen sind Regelungen, die durch Verstellen der geometrischen Stellgröße Werkzeugzustellung eine geometrische, während oder nach der Bearbeitung direkt am Werkstück erfaßte Regelgröße auf einen vorgegebenen Sollwert bringen mit dem Ziel, trotz nicht vorherbestimmbarer Einflüsse von Störgrößen eine geforderte Maßgenauigkeit zu erreichen.

Prinzip 5 nimmt eine Zwischenstellung ein; den Meßsteuerungen entspricht die Messung geometrischer Größen am Werkstück, den ACG-Systemen die nichtgeometrische Stellgröße. Ausführungsbeispiele hierfür sind nicht bekannt.

2.3 Zusammenfassung

Automatisierungseinrichtungen für den Spanungsprozeß werden als Adaptive- Control-Systeme (AC) bezeichnet. Grenzregelungen (ACC) überwachen selbsttätig den Bearbeitungsvorgang und führen ihn so, daß er an einer Auslastungsgrenze abläuft. Dadurch können die Fähigkeiten von Maschine und Werkzeug voll ausgenutzt werden. Optimierregelungen (ACO) führen den Bearbeitungsvorgang so, daß eine übergeordnete Kenngröße, die Gesichtspunkte der Wirtschaftlichkeit und der Bearbeitungsqualität der gefertigten Werkstücke vereinigt, einem Maximalwert zustrebt.

Grenzregelungen können nach dem Charakter der Regelgröße in technologische und geometrische (ACG) Grenzregelungen unterteilt und gegen die Meßsteuerungen (Maß-Regelungen) abgegrenzt werden.

Für diese Systeme werden Definitionen vorgeschlagen, der gegenwärtige Stand der Entwicklung wird umrissen.

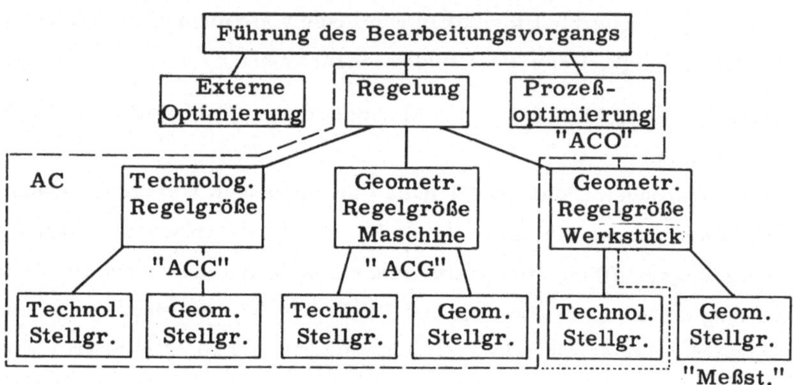

Bild 2-4 : Möglichkeiten zur Führung des Bearbeitungsvorgangs

Bild 2-4 faßt die verschiedenen Möglichkeiten zur Führung des Bearbeitungsvorgangs zusammen. Gegenstand der folgenden Kapitel sind die technologischen Grenzregelungen (ACC).

3. Möglichkeiten zur Führung des Bearbeitungsprozesses mit zwei Stellgrößen

Der Bearbeitungsprozeß auf einer spanenden Werkzeugmaschine kann durch Verändern der Bearbeitungsbedingungen innerhalb bestimmter Grenzen während seines Ablaufs willkürlich beeinflußt (gesteuert) werden (Bild 3-1). Zur Veränderung der Bearbeitungsbedingungen können bestimmte Stellgrößen stetig oder gestuft verstellt werden. Unter " Führung des Bearbeitungsprozesses " werden hier Verfahren verstanden, nach denen diese Stellgrößen während des Zerspanvorgangs eingestellt werden, um eine bestimmte Art des Ablaufs, gekennzeichnet durch das Verhalten bestimmter Kenngrößen, zu erreichen.

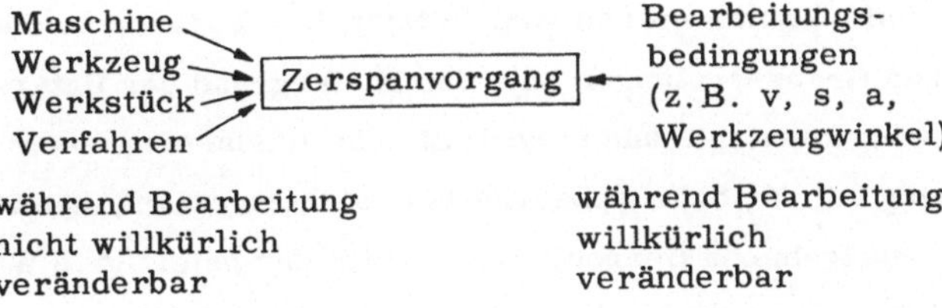

Bild 3-1 : Einflußgrößen auf den Zerspanvorgang

Ziel dieses Kapitels ist, die verschiedenen Möglichkeiten zur Führung des Bearbeitungsvorgangs zu ermitteln und systematisch darzustellen. Außerdem sollen die charakteristischen Eigenschaften der einzelnen Methoden zusammengestellt werden. Damit wird einerseits der Überblick über bereits ausgeführte Anlagen ermöglicht, andererseits die Wahl eines für bestimmte Anforderungen geeigneten Verfahrens erleichtert. Die Untersuchung erfolgt am Beispiel der Drehbearbeitung einmal, weil hier die Verhältnisse leicht zu überblicken sind, zum anderen, weil hierfür zwar viele Einrichtungen entwickelt [45] , die Gründe für die Wahl der Strategie jedoch selten ausreichend dargelegt worden sind.

Bei solchen Einrichtungen sind zwei gegensätzliche Entwicklungsrichtungen festzustellen: entweder der Ausbau einer numerischen Steuerung zu einer integrierten NC-AC-Anlage, wobei Maschine, NC und AC eng zusammenhängen und die Grenzregelung einen für sich allein nicht arbeitsfähigen Bestandteil des Steuerungssystems bildet (hierzu gehört auch die Übernahme von Steuerungs- und AC-Funktionen durch einen Digitalrechner), oder ein mit geringem Anpassungsaufwand an auch nicht numerisch gesteuerten Maschinen verwendbares Zusatzgerät zur Überwachung und Führung des Zerspanvorgangs [42] . Für die zuletzt genannten einfachen Zusatzsysteme kommen als Stellgrößen nur Spindeldrehzahl und Vorschubgeschwindigkeit in Betracht. Daher beschränkt sich dieses Kapitel auf diejenigen Möglichkeiten zur Führung des Drehvorgangs, die sich mit Hilfe dieser beiden Stellgrößen ergeben.

Untersucht wird der Bearbeitungsprozeß anhand eines Modells, das nur den Informationsfluß zum, im und vom Betriebsblock Maschine enthält. Da die einfachen Grenzregelungen, die den Hintergrund der Untersuchung bilden, eine konstante und möglichst hohe Auslastung von Maschine und Werkzeug bei der Schruppbearbeitung sichern sollen, kann die für das Schlichten maßgebende Bearbeitungsqualität der gefertigten Werkstükke hier zunächst außer acht bleiben. Das Modell umfaßt daher nicht das Arbeitsergebnis am Werkstück (Maßgenauigkeit, Oberflächengüte), also keine geometrischen Kenngrößen.

Betrachtungen zu Adaptive-Control-Systemen wird oft ein Modell für den Bearbeitungsprozeß zugrundegelegt, bei dem der Block "Prozeß" sowohl die Werkzeugmaschine als auch den Zerspanvorgang umfaßt (Bild 3-2). Bei anderen Modellen werden zwar Zerspanung und Maschine getrennt, jedoch einander beeinflussend als Regler und Strecke aufgefaßt (Bild 3-3). Möglichkeiten zur Führung des Drehvorgangs können mit solchen Modellen nicht untersucht werden.

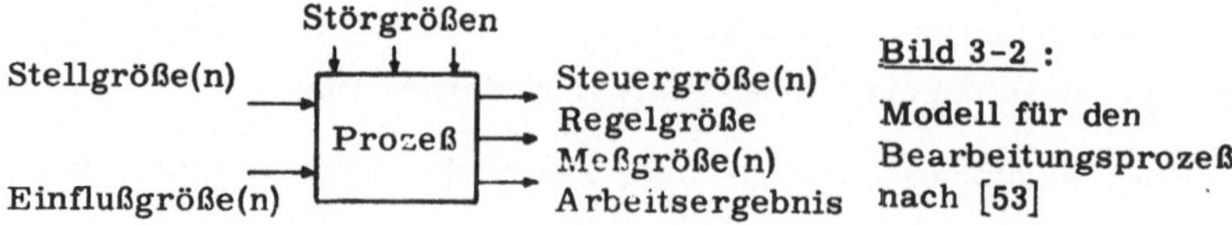

Bild 3-2 : Modell für den Bearbeitungsprozeß nach [53]

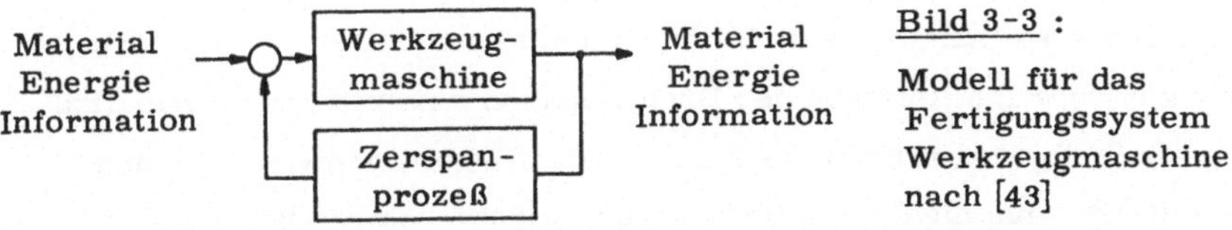

Bild 3-3 :
Modell für das Fertigungssystem Werkzeugmaschine nach [43]

3.1 Modell mit zwei Stellgrößen für den Bearbeitungsprozeß Drehen

Dieser Abschnitt befaßt sich mit einem Modell für die Bearbeitung auf einer Drehmaschine, das als Grundlage für eine Systematik möglicher Grenzregeleinrichtungen dienen kann.

Für systematische Untersuchungen sind Modelle der einleitend gezeigten Art zu wenig gegliedert. Teilt man hingegen den Bearbeitungsprozeß in die Blöcke "Drehmaschine" und "Zerspanvorgang" auf (Bild 3-4), so können die einzelnen Systemgrößen klar voneinander unterschieden werden.

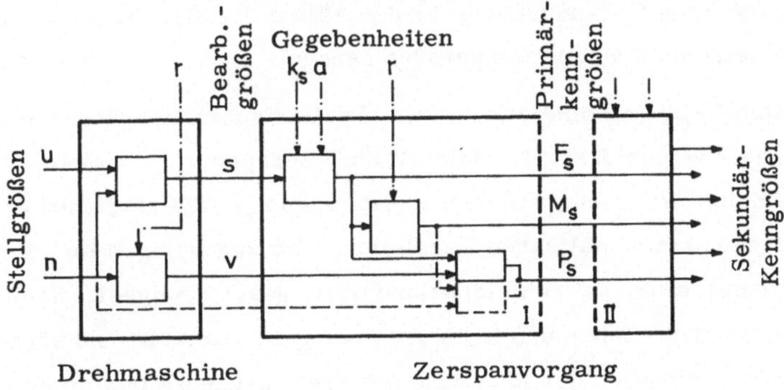

Bild 3-4 : Modell mit zwei Stellgrößen für den Drehvorgang [40]

Eingangsgrößen des Blocks „Drehmaschine" sind die technologischen Stellgrößen Spindeldrehzahl n und Vorschubgeschwindigkeit u, Ausgangsgrößen die Schnittgeschwindigkeit v und der Vorschub s. Es gelten die Beziehungen

$$u = n \cdot s \qquad (3.1) \qquad \text{und} \qquad v = 2\pi r \cdot n \qquad (3.2)$$

Der momentane Drehradius r ist normalerweise vom Werkstückprogramm vorgegeben, er ist daher im Modell vom Zerspanprozeß her nicht beeinflußbar und wird deshalb als äußere Gegebenheit (Parameter) für den Bearbeitungsvorgang betrachtet. n und u sind manuell oder numerisch gesteuert über die Antriebe der Drehmaschine einstellbar, können also auch als Stellgröße für eine technologische Regelung dienen. v und s resultieren aus diesen Stellgrößen und wirken unmittelbar auf den Zerspanvorgang ein; sie werden hier als Bearbeitungsgrößen bezeichnet und stellen die Eingangsgrößen des Blocks "Zerspanvorgang" dar.

Der momentane Zustand und damit auch der zeitliche Ablauf des Zerspanvorgangs wird charakterisiert durch Wert und Verlauf verschiedener Kenngrößen als Ausgangsgrößen dieses Blocks. Im Modell ist dieser Block in zwei Teile aufgetrennt, wobei im ersten Teilblock diejenigen mechanischen Größen zusammengefaßt sind, die den Vorgang der Spanabnahme bewirken (Schnittkraft F_s bzw. Schnittdrehmoment M_s und Schnittleistung P_s) und die sich mit Hilfe bekannter Gesetzmäßigkeiten darstellen lassen. Die Kenngrößen dieses ersten Teilblocks sind also mechanische Größen, die eine Voraussetzung für den Ablauf des Zerspanvorgangs bilden; sie seien hier Primärkenngrößen genannt.

Im zweiten Teilblock sind die übrigen physikalischen Vorgänge enthalten, die als nicht vermeidbare Effekte mit dem Zerspanvorgang gekoppelt sind (Erwärmung, Werkzeugverschleiß, Vibrationen). Sie entziehen sich einer einfachen mathematischen Darstellung. Die zugehörigen Kenngrößen - Schnittemperatur, Verschleißzustand oder -geschwindigkeit, Schwingungsamplituden – haben den Zerspanvorgang zur Ursache und können von den Eigenschaften der Maschine und des Werkzeugs beeinflußt sein. Sie werden hier als Sekundärkenngrößen bezeichnet.

Für die Schnittkraft F_s gilt nach [6] :

$$F_s = k_{s1.1} \cdot b \cdot h^{1-c} \tag{3.3}$$

$k_{s1.1}$ = Hauptwert der spezifischen Schnittkraft

$1-c$ = Anstiegswert der spezifischen Schnittkraft (Formelzeichen nach [88])

Mit der Spanungsbreite $b = a / \sin \kappa$

und der Spanungsdicke $h = s \sin \varkappa$

(a = Schnittiefe; s = Vorschub; $\varkappa$ = Einstellwinkel der Hauptschneide)

wird die Schnittkraft:

$$F_s = k_{s1.1} \cdot a \cdot \sin^{-c} \varkappa \cdot s^{1-c} \qquad (3.4)$$

sie ist also eine nichtlineare Funktion des Vorschubs. Mit der Beziehung für die spezifische Schnittkraft

$$k_s = k_{s1.1} \, (s \cdot \sin \varkappa)^{-c}$$

erhält man

$$F_s = k_s \cdot a \cdot s \qquad (3.5)$$

Dem Modell wird die vereinfachte Beziehung Gl. 3.5 zugrundegelegt, bei der die Abhängigkeit der spezifischen Schnittkraft von der Spanungsdicke vernachlässigt und ferner angenommen wird, daß sowohl örtliche Änderungen der Zerspanbarkeitseigenschaften der Werkstückstoffe als auch zeitliche Änderungen der Schneidfähigkeit des Werkzeugs über den k_s-Wert erfaßt werden. k_s stellt damit, ebenso wie a und r, eine äußere Gegebenheit für den Zerspanvorgang dar. Der Vergleich der beiden Schnittkraftbeziehungen zeigt, daß die Linearisierung (Gl. 3.5) für größere Vorschübe, wie sie beim Schruppen als dem wesentlichen Einsatzgebiet dieser Grenzregelungen angewandt werden, zulässig ist.

Für die beiden anderen Primärkenngrößen des Modells gilt :

Schnittdrehmoment $M_s = F_s \cdot r$ (3.6)

Schnittleistung $P_s = F_s \cdot v$ (3.7)

oder $P_s = 2\pi \cdot n \cdot M_s$ (3.8)

Das den Untersuchungen zugrunde gelegte Modell stellt eine Steuerkette dar, in der die drei Primärkenngrößen F_s, M_s und P_s in eindeutig darstellbarer Weise über die Bearbeitungsgrößen v und s von den beiden Stellgrößen n und u abhängen, wobei nicht beliebig beeinflußbare äußere Gegebenheiten (k_s, a, r) als Parameter der Steuerstrecke wirken.

3.2 Systematik von Betriebsarten

Ziel dieses Abschnitts ist, aus dem Modell Möglichkeiten zur Führung des Drehvorgangs abzuleiten und damit Prinzipien für Grenzregelungen aufzuzeigen. Die Sekundärkenngrößen bleiben dabei zunächst außer Betracht, so daß die Grenzregelungen nur die Stell-, Bearbeitungs- und Primärkenngrößen umfassen.

Beim Betrieb einer Drehmaschine müssen die beiden Stellgrößen n und u zu jedem Zeitpunkt bestimmt sein. Sie sind entweder fest vorgegeben oder resultieren aus Forderungen nach dem Verhalten von Bearbeitungs- und Primärkenngrößen. An das Verhalten der Modellgrößen können verschiedenartige Forderungen gestellt werden. Dementsprechend gibt es auch unterschiedliche Möglichkeiten zur Führung des Zerspanprozesses ("Betriebsarten"). Diese Betriebsarten (BA) sind im einfachsten Fall festgelegt durch verschiedene Kombinationen von Forderungen der Konstanz von zwei der sieben Modellgrößen n und u, v und s, F_s, M_s und P_s. Solche Kombinationen führen dann zu sinnvollen Betriebsarten, wenn daraus die beiden Stellgrößen eindeutig und widerspruchsfrei bestimmt werden können. Eindeutigkeit ist gegeben, wenn sich mit den technologischen Beziehungen des Modells (Gl. 3.1, 3.2, 3.5...3.8) Gleichungen für n und u so angeben lassen, daß darin nur Konstanten und die Parameter auftreten. Widerspruchsfreiheit bedeutet, daß die Forderungen ohne Einschränkungen für die anderen Größen, insbesondere die äußeren Gegebenheiten, miteinander vereinbar sind. Entsprechend dem Bereich der beteiligten Größen sind verschiedene Kategorien von Betriebsarten zu unterscheiden.

Die hiernach formal möglichen 16 Betriebsarten sind in Tabelle 3-I zusammengestellt. Die BA 1...3 entsprechen der konventionellen Bearbeitung mit konstanter Drehzahl und konstanter Vorschubgeschwindigkeit. Die BA 8, 13 und 15 können nach Gl. 3.7, die BA 9, 12 und 16 nach Gl. 3.8 ebenfalls zusammengefaßt werden.

Betriebsart Kategorie	Nr.	konstant geforderte Größen Stell-*) gr.	Bearb.-gr.	Primär-kenngr.
2 Stell-*) und / oder Bearbeitungsgrößen konstant	1	n u	(s)	
	2	n (u)	s	
	3	(n) u	s	
	4	u	v	
	5		v s	
1 Stell-*) oder Bearbeitungsgröße und 1 Kenngröße konstant	6	n		F_s
	7	u		F_s
	8		v	F_s (P_s)
	9	n		M_s (P_s)
	10	u		M_s
	11		v	M_s
	12	n		(M_s) P_s
	13		v	(F_s) P_s
	14		s	P_s
2 Kenngrößen konstant	15		(v)	F_s P_s
	16	(n)		M_s P_s

Größen in ( ) ergeben sich zusätzlich als konstant

*) "Stellgröße" kennzeichnet hier nur die Art der Größe im Modell (Bild 3-4) und bedeutet nicht, daß diese Größen in allen Fällen als aktive Stellgrößen einer Regelung verwendet werden.

Tabelle 3-I: Aus dem Modell mit zwei möglichen Stellgrößen abgeleitete Betriebsarten

Die Tabelle erlaubt Aussagen über die sinnvolle Auswahl von Forderungen an das Arbeitsprinzip einer Einrichtung zur Führung des Zerspanprozesses. Konstanter Vorschub ist danach außer bei konventioneller Bearbeitung nur zusammen mit konstanter Schnittgeschwindigkeit oder konstanter Schnittleistung möglich. v = const ist verträglich mit der Forderung einer konstanten Kenngröße, ebenso mit konstantem s oder u; dasselbe gilt für n = const. Konstante Vorschubgeschwindigkeit ist nicht zusammen mit konstanter Schnittleistung zu realisieren.

Einen Überblick über die möglichen Betriebsarten gibt Bild 3-5. Zwei Größen, die gleichzeitig konstant gefordert werden dürfen, sind durch Striche verbunden. Mit Doppelstrichen hervorgehobene Dreiecke geben an, daß sich eine dritte Größe als konstant ergibt. Die Ziffern entsprechen den Betriebsartennummern der Tabelle.

An den BA 1...5 sind keine Primärkenngrößen beteiligt, sie können ohne Regeleinrichtung oder allein mit einer Schnittgeschwindigkeitssteuerung verwirklicht werden (Kapitel 4) und seien hier "einfache Betriebsarten" genannt. Die BA 6...16 erfordern dagegen die Messung mindestens einer Kenngröße sowie zusätzliche Regeleinrichtungen, sie werden als "Grenzregelbetriebsarten" bezeichnet.

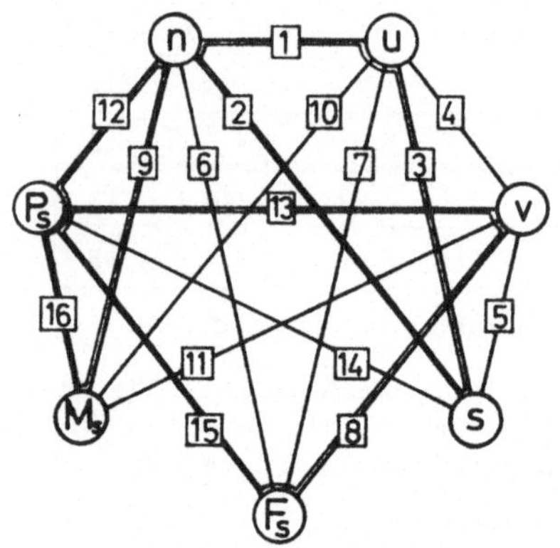

Bild 3-5 : Betriebsarten nach dem Modell mit zwei Stellgrößen

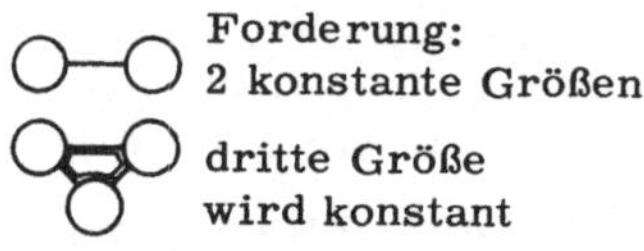

3.3 Eigenschaften der Betriebsarten

In diesem Abschnitt werden die kennzeichnenden Eigenschaften der Betriebsarten untersucht und zusammengestellt. Dies sind einmal die Eigenschaften, die sich aus der Abhängigkeit der im Modell auftretenden Größen von den Parametern (äußeren Gegebenheiten) ergeben, zum anderen die "fertigungstechnischen Eigenschaften", d.h. das Verhalten der Größen, die die Erfüllung der fertigungstechnischen Aufgaben einer Werkzeugmaschine beschreiben. Die Zusammenstellung kann als Grundlage für eine Bewertung der verschiedenen Betriebsarten dienen.

3.3.1 Abhängigkeit der Modellgrößen von den Parametern

<table>
<tr><th rowspan="2">BA Nr.</th><th colspan="2">Stellgrößen *)</th><th colspan="2">Bearbeitungsgr.</th><th colspan="3">Kenngrößen</th></tr>
<tr><th>n</th><th>u</th><th>v</th><th>s</th><th>F_s</th><th>M_s</th><th>P_s</th></tr>
<tr><td>1</td><td>$\boxed{n}$</td><td>$\boxed{u}$</td><td rowspan="3">r</td><td>—</td><td rowspan="3">$k_s a$</td><td rowspan="3">$k_s ar$</td><td rowspan="3">$k_s ar$</td></tr>
<tr><td>2</td><td>$\boxed{n}$</td><td>—</td><td>$\boxed{s}$</td></tr>
<tr><td>3</td><td>—</td><td>$\boxed{u}$</td><td>$\boxed{s}$</td></tr>
<tr><td>4</td><td>1/r</td><td>$\boxed{u}$</td><td>$\boxed{v}$</td><td>r</td><td>$k_s ar$</td><td>$k_s ar^2$</td><td>$k_s ar$</td></tr>
<tr><td>5</td><td>1/r</td><td>1/r</td><td>$\boxed{v}$</td><td>$\boxed{s}$</td><td>$k_s a$</td><td>$k_s ar$</td><td>$k_s a$</td></tr>
<tr><td>6</td><td>$\boxed{n}$</td><td>$1/k_s a$</td><td>r</td><td>$1/k_s a$</td><td>$\boxed{F_s}$</td><td>r</td><td>r</td></tr>
<tr><td>7</td><td>$k_s a$</td><td>$\boxed{u}$</td><td>$k_s ar$</td><td>$1/k_s a$</td><td>$\boxed{F_s}$</td><td>r</td><td>$k_s ar$</td></tr>
<tr><td>8</td><td rowspan="3">1/r</td><td rowspan="3">$1/k_s ar$</td><td>$\boxed{v}$</td><td rowspan="3">$1/k_s a$</td><td>$\boxed{F_s}$</td><td rowspan="3">r</td><td>—</td></tr>
<tr><td>13</td><td>$\boxed{v}$</td><td>—</td><td>$\boxed{P_s}$</td></tr>
<tr><td>15</td><td>—</td><td>$\boxed{F_s}$</td><td>$\boxed{P_s}$</td></tr>
<tr><td>9</td><td>$\boxed{n}$</td><td rowspan="3">$1/k_s ar$</td><td rowspan="3">r</td><td rowspan="3">$1/k_s ar$</td><td rowspan="3">1/r</td><td>$\boxed{M_s}$</td><td>—</td></tr>
<tr><td>12</td><td>$\boxed{n}$</td><td>—</td><td>$\boxed{P_s}$</td></tr>
<tr><td>16</td><td>—</td><td>$\boxed{M_s}$</td><td>$\boxed{P_s}$</td></tr>
<tr><td>10</td><td>$k_s ar$</td><td>$\boxed{u}$</td><td>$k_s ar^2$</td><td>$1/k_s ar$</td><td>1/r</td><td>$\boxed{M_s}$</td><td>$k_s ar$</td></tr>
<tr><td>11</td><td>1/r</td><td>$1/k_s ar^2$</td><td>$\boxed{v}$</td><td>$1/k_s ar$</td><td>1/r</td><td>$\boxed{M_s}$</td><td>1/r</td></tr>
<tr><td>14</td><td>$1/k_s ar$</td><td>$1/k_s ar$</td><td>$1/k_s a$</td><td>$\boxed{s}$</td><td>$k_s a$</td><td>$k_s ar$</td><td>$\boxed{P_s}$</td></tr>
</table>

□ konstante Größe gefordert

— Größe ergibt sich als konstant

*) siehe Bemerkung zu Tabelle 3-I

Tabelle 3-II : Abhängigkeit der Stell-, Bearbeitungs- und Kenngrößen von den Parametern bei verschiedenen Betriebsarten

Bei der Führung des Spanungsvorgangs nach einer der BA sind zwei, in Sonderfällen drei der Modellgrößen konstant. Die übrigen Größen werden in unterschiedlicher Weise von den als Störgrößen zu interpretierenden äußeren Gegebenheiten beeinflußt. So gilt z.B. für BA 7:

Forderungen : $u = \text{const}$; $F_s = \text{const}$

Stellgrößen : $[u]$; $n = \underline{k_s \cdot a}\,[u/F_s]$

Bearbeitungsgrößen : $v = \underline{k_s \cdot a \cdot r}\,[2\pi u/F_s]$; $s = [F_s]/\underline{k_s \cdot a}$

Kenngrößen : $[F_s]$; $M_s = \underline{r} \cdot [F_s]$; $P_s = \underline{k_s \cdot a \cdot r}\,[2\pi u]$

(Die Variablen sind unterstrichen, die Konstanten stehen in eckiger Klammer.)

Die Art der Abhängigkeit der Stell-, Bearbeitungs- und Kenngrößen von den Parametern k_s, a und r ist für Vergleiche der Betriebsarten von Bedeutung. Daher sind in Tabelle 3-II für jede BA die Produkte der Parameter zusammengestellt, die in den Beziehungen für die Modellgrößen als Variable auftreten. Zusätzlich sind die als konstant geforderten oder sich als konstant ergebenden Größen angegeben. In einigen Fällen liegen trotz verschiedener Forderungen gleichartige Abhängigkeiten von den Parametern vor, so daß diese BA zusammengefaßt werden können.

3.3.2 Fertigungstechnische Eigenschaften

Aufgabe eines Fertigungsvorgangs auf einer spanenden Werkzeugmaschine ist, Werkstücke bestimmter Gestalt und bestimmter Abmessungen in möglichst hoher Qualität möglichst wirtschaftlich herzustellen. Diese Aufgabe kann von verschiedenen Fertigungseinrichtungen unter verschiedenen Betriebsbedingungen verschieden gut erfüllt werden. Die Forderungen nach Gestalt und Abmessungen betreffen die Umsetzung geometrischer Informationen in gestalterzeugende Relativbewegungen zwischen Werkzeug und Werkstück, sie müssen auf alle Fälle erfüllt sein und eignen sich daher nicht für eine Beurteilung des Fertigungsvorgangs.

Die Güte der Erfüllung einer Fertigungsaufgabe kann durch Größen beschrieben werden, die als "fertigungstechnische Eigenschaften" Gesichtspunkte der Qualität der gefertigten Werkstücke und der Wirtschaftlichkeit der Fertigung einbeziehen. Um nicht nur Aussagen machen zu können, die auf spezielle Bearbeitungsfälle beschränkt sind, sollten diese Größen nicht das Ergebnis des abgeschlossenen Bearbeitungsvorgangs kennzeichnen, sondern müssen als Momentangrößen den Ablauf des Bearbeitungsvorgangs unter den wechselnden Einflußgrößen beschreiben.

3.3.2.1 Bearbeitungsqualität

Bei Schrupparbeiten, dem Haupteinsatzgebiet von Grenzregelungen, ist die Bearbeitungsqualität der gefertigten Werkstücke (Maß-, Lage-, Form- und Rauheitsabweichungen) im allgemeinen von untergeordneter Bedeutung. Als Maß für die Oberflächengüte kann der Vorschub herangezogen werden, der als Drehrillenabstand zusammen mit der Schneidengeometrie (Eckenradius) die Rauheit bestimmt. Die Forderung nach konstantem Drehrillenabstand schränkt die Zahl der anwendbaren Betriebsarten ein.

3.3.2.2 Bearbeitungsgeschwindigkeit

Die momentane Bearbeitungsgeschwindigkeit entspricht der Vorschubgeschwindigkeit u. Für spezielle Fälle kann sie als Funktion des Werkzeugwegs z oder x angegeben werden; die Schnittzeit ergibt sich dann z.B. beim Längsdrehen zu

$$t_s = \int_{z_0}^{z_1} dz \, / \, u(z) \qquad (3.9)$$

(z_0, z_1 Anfangs- und Endkoordinate der Vorschubbewegung).
Der Einfluß der Parameter k_s, a und r auf die Bearbeitungsgeschwindigkeit ist ebenfalls Tabelle 3-II zu entnehmen.

3.3.2.3 Spanungsstrom (hierzu Anhang A 1)

Unter Spanungsstrom wird der Quotient aus zerspantem Werkstoffvolumen durch Zeit verstanden. Für den idealen Spanungsstrom Q_0 (ohne Berücksichtigung der Werkzeugwechselzeit) gilt (siehe Anhang A 1) :

$$Q_0 = a \cdot s \cdot v \qquad (3.10)$$

und mit den Gl. 3.5 und 3.7

$$Q_0 = P_s \, / \, k_s \qquad (3.11)$$

d.h. für konstante spezifische Schnittkraft sind idealer Spanungsstrom und Schnittleistung verhältnisgleich.

Der reale Spanungsstrom Q beim Drehvorgang ist jedoch nicht gleich dem idealen Spanungsstrom Q_0 oder einem zeitlich gemittelten Wert. Vielmehr ist hierfür das Werkstoffvolumen zu betrachten, das innerhalb einer Bezugszeit zerspant wird, die sich aus der eigentlichen Schnittzeit und einer anteiligen Werkzeugwechselzeit zusammensetzt. Unter Berücksichtigung der Werkzeugwechselzeit t_W wird der reale Spanungsstrom (Anhang A 1)

$$Q = Q_0 / (1 + t_W/T) \qquad (3.12)$$

(T = Werkzeugstandzeit)

Für die reine Schneidplattenwechselzeit, also ohne den beim Schruppdrehen meist entfallenden Zeitaufwand für Maßkontrolle und Werkzeugkorrektur, werden Richtwerte um 1 min angegeben [29, 30] . Wirtschaftlich optimale Werkzeugstandzeiten liegen im Bereich um 10 min. Mit $t_W = 0{,}1\ T$ beträgt der reale Spanungsstrom ca. 90 % des idealen, so daß für Vergleichsbetrachtungen die anteilige Werkzeugwechselzeit meist vernachlässigt werden kann und nur in Fällen extrem kurzer Standzeit und/oder langer Werkzeugwechsel- und Positionierzeit berücksichtigt werden muß.

Der Einfluß von a, r und k_s auf den Spanungsstrom geht aus Tabelle 3-III hervor. Für BA mit konstanter Vorschubgeschwindigkeit ist Q_0 linear von a und r abhängig und wird von k_s nicht beeinflußt, für BA mit konstanter Schnittleistung hängt Q_0 umgekehrt proportional von k_s ab, während a und r ohne Einfluß sind.

3.3.2.4 Spanungsverhältnis

Gelegentlich wird das Verhältnis von Schnittiefe zu Vorschub (Spanungsverhältnis) als kennzeichnendes Kriterium für die Spanbildung herangezogen. Für große Werte von a/s ergeben sich beim Drehen von Stahl ungünstigere Spanformen als für mittlere Werte; auch die Spanformen für kleine a/s-Werte werden weniger gut beurteilt [1] . Wegen der beschränkten Aussagefähigkeit des Spanungsverhältnisses darf diese Größe nicht zu stark bewertet werden. Tabelle 3-III zeigt den Einfluß von a, r und k_s auf das Spanungsverhältnis.

3.3.2.5 Werkzeugverschleißgeschwindigkeit (hierzu Anhang A 2, A 3)

Der Werkzeugverschleiß wirkt sich auf den Zerspanvorgang selbst (Zerspankraft, Schnittemperatur, Spanbildung), auf das gefertigte Werkstück (Maße, Oberflächengüte) wie auch auf den Fertigungsaufwand aus (Fertigungskosten, Fertigungszeit) und stellt für das fertigungstechnische Verhalten des Zerspanvorgangs eine wesentliche Größe dar. Für dessen momentanen Zustand ist die Verschleißgeschwindigkeit, d.h. der Zuwachs einer geometrischen Verschleißgröße je Zeiteinheit, kennzeichnend. Im Modell ist die Verschleißgeschwindigkeit eine der Sekundärkenngrößen des Zerspanvorgangs.
Die momentane Werkzeugverschleißgeschwindigkeit ist hauptsächlich abhängig von den Bearbeitungsgrößen v und s, ferner von der Schnittiefe a, von der Werkstoffpaarung Schneide-Werkstück, von sonstigen Bearbeitungsbedingungen (Maschine, Kühlschmiermittel) und von der Schnittzeit. Sie wird üblicherweise durch die Standzeit T charakterisiert.

Der zeitliche Verlauf einer geometrischen Verschleißgröße W, z.B. des Freiflächenverschleißes (Verschleißmarkenbreite), kann nach [13] durch eine Kurve dargestellt werden, bei der nach einem steilen degressiven Anstieg ein konstanter Verschleißzuwachs folgt, dem sich - meist jenseits der aus praktischen Gründen so festzulegenden maximal zulässigen Verschleißmarkenbreite [13, 53] - ein progressiver Verschleißanstieg anschließt (Bild 3-6, gestrichelt). Die Lage der Übergangspunkte der drei Kurvenabschnitte hängt außer von den Schnittbedingungen stark von der Werkstoffpaarung ab; geringe Änderungen der Werkstoffeigenschaften verursachen sehr unterschiedlichen Kurvencharakter [13] . Der Verschleißverlauf läßt sich daher durch eine einfache Beziehung W(t) nicht allgemeingültig darstellen.

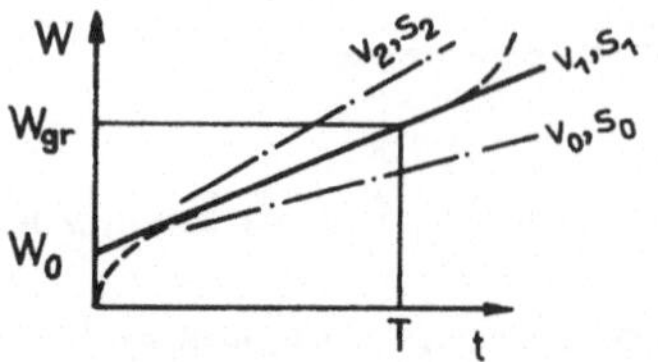

Bild 3-6 : Zeitlicher Verlauf des Werkzeugverschleißes Verschleißverlauf (gestrichelt) nach [13] ; Linearisierung nach [9]

Daher wird für die Kennzeichnung der fertigungstechnischen Eigenschaft "Verschleißgeschwindigkeit" der verschiedenen BA die lineare Beziehung (nach [24]; Formelzeichen geändert)

$$W(t) = \dot{W} \cdot t + W_0 \qquad (3.13)$$

benutzt, bei der der anfängliche Verschleißanstieg durch einen Anfangsverschleißwert W_0 ersetzt ist (Bild 3-6). Ein solcher linearer Verschleißverlauf ist bereits von Leyensetter [9] angegeben worden. Die Anwendung von Gl. 3.13 ist gerechtfertigt, da sich z.B. die von Ehmer [3] gefundenen degressiven und abknickenden Verschleißverläufe ohne große Fehler durch Geraden annähern lassen. Zur Berechnung optimaler Bearbeitungsbedingungen [23...25, 77] und zur Standzeitermittlung bei variablen Bearbeitungsgrößen [21] wird diese Beziehung häufig zugrunde gelegt.

Der Verlauf des Spanflächenverschleißes (Auskolkung) kann ebenfalls mit Gl. 3.13 beschrieben werden [13, 53]. Zeitproportional verlaufen auch die anderen geometrischen Verschleißgrößen Schneidkantenversatz, plastische Schneidenverformung und Oxydationstiefe [54] .

Mit den Bezeichnungen von Bild 3-6 ergibt sich bei konstanten Schnittbedingungen die Standzeit T des Werkzeugs zu

$$T = (W_{gr} - W_0) / \dot{W} \qquad (3.14)$$

worin das Standzeitkriterium W_{gr} ein festzulegender Grenzwert der Verschleißgröße ist.

Zur mathematischen Darstellung der experimentell ermittelten Abhängigkeit der Standzeit oder Verschleißgeschwindigkeit von ihren Einflußgrößen kann die von Shaw [31] angegebene Beziehung

$$T = C \ / \ v^p \ s^q \tag{3.15}$$

(Formelzeichen gegenüber [31] geändert, Gl. umgeformt)
verwendet werden, in der die beiden wichtigsten Einflußgrößen v und s auftreten. Diese Gleichung entspricht in einem räumlichen v, s, T-Koordinatensystem mit logarithmisch geteilten Achsen einer Fläche und für hier vorausgesetzte konstante Exponenten p und q einer Ebene (Bild 3-7). p und q charakterisieren den Einfluß von v und s auf die Standzeit, die Konstante C entspricht der Standzeit für einen Einheitswert der Bearbeitungsgrößen (Anhang A 2). Für die momentane Verschleißgeschwindigkeit als Funktion der Bearbeitungsgrößen erhält man aus den Gl. 3.14 und 3.15

$$\dot{W} = (W_k - W_0) \cdot v^p \cdot s^q \ / \ C \tag{3.16}$$

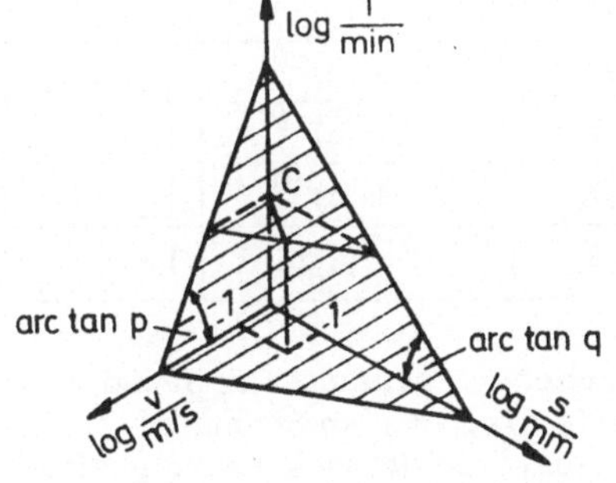

Bild 3-7 :
Standzeitebene als Darstellung der Standzeitgleichung

Zahlenwerte für die von der Werkstoffpaarung abhängigen Exponenten p und q sind in der Literatur selten. Der Einfluß der Bearbeitungsgrößen auf die Verschleißgeschwindigkeit kann jedoch anhand der gebräuchlichen v, T-Tabellen abgeschätzt werden, sofern sie als Parameter den Vorschub enthalten. (Anhang A 3). Beim Drehen von Stahl mit Hartmetall liegen die Werte für p überwiegend zwischen 3,2 und 4,2, für q zwischen 0,6 und 1,4; der Einfluß von v ist also größer als der von s. Zahlenangaben in [14] liegen im selben Bereich.

Betriebsart		Spanungs-verh.	Spangs.-strom	Verschleißgeschwindigkeit		
Nr.	konstante Gr.	a/s	Q_0	$\dot{W}$	 $\dot{W}$ / r	 $\dot{W}$ / $a.k_s$
1	n u (s)	a	ar	r^p	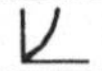	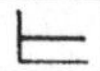
2	n (u) s	a	ar	r^p		
3	(n) u s	a	ar	r^p		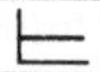
4	u v	a/r	ar	r^q		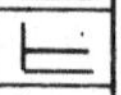
5	v s	a	a	—	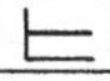	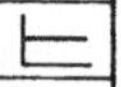
6	n F_s	a^2k_s	r/k_s	$r^p(k_s a)^{-q}$		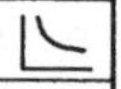
7	u F_s	a^2k_s	ar	$r^p(k_s a)^{p-q}$		
8	v F_s (P_s)	a^2k_s	$1/k_s$	$(k_s a)^{-q}$	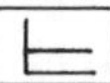	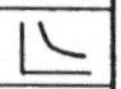
9	n M_s (P_s)	$a^2k_s r$	$1/k_s$	$r^{p-q}(k_s a)^{-q}$	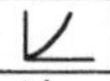	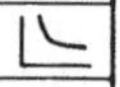
10	u M_s	$a^2k_s r$	ar	$r^{2p-q}(k_s a)^{p-q}$		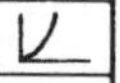
11	v M_s	$a^2k_s r$	$1/k_s r$	$r^{-q}(k_s a)^{-q}$		
12	n (M_s) P_s	$a^2k_s r$	$1/k_s$	$r^{p-q}(k_s a)^{-q}$	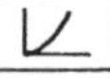	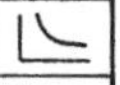
13	v (F_s) P_s	a^2k_s	$1/k_s$	$(k_s a)^{-q}$	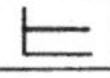	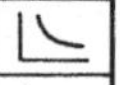
14	s P_s	a	$1/k_s$	$(k_s a)^{-p}$	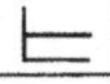	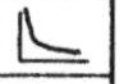
15	(v) F_s P_s	a^2k_s	$1/k_s$	$(k_s a)^{-q}$	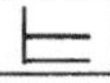	
16	(n) M_s P_s	$a^2k_s r$	$1/k_s$	$r^{p-q}(k_s a)^{-q}$		

Tabelle 3-III: Auswirkung veränderlicher Parameter a, r und k_s auf Spanungsverhältnis a/s, idealen Spanungsstrom Q_0 und Werkzeugverschleißgeschwindigkeit $\dot{W}$

Die Auswirkungen veränderlicher Parameter a, r und k_s auf die Verschleißgeschwindigkeit $\dot{W}$ sowie den idealen Spanungsstrom Q_0 (Abschnitt 3.3.2.3) und das Spanungsverhältnis a/s (Abschnitt 3.3.2.4) können anhand der Tabelle 3-III abgeschätzt werden. Die Tabelle enthält analog Tab. 3-II die Variablen in den Beziehungen für die drei genannten Größen. Da die Ausdrücke für $\dot{W}$ infolge der unterschiedlichen Exponenten unübersichtlich werden, sind die Charakteristiken $\dot{W}(r)$ und $\dot{W}(a)$ bzw. $\dot{W}(k_s)$ grafisch dargestellt, wobei die oben ermittelten Wertebereiche für p und q zugrunde liegen.

Aus dieser Tabelle läßt sich z.B. entnehmen, daß die Verschleißgeschwindigkeit bei den BA 5, 8 und 13...15 für variablen Drehradius (Plandrehen) konstant bleibt, während sie sich bei den übrigen BA (am stärksten bei BA 10) ändert. Variable Schnittiefe oder variable spezifische Schnittkraft wirkt sich bei den BA 1...5 nicht, bei den BA 7, 10 und 14 stark, bei den übrigen BA wenig auf die Verschleißgeschwindigkeit aus.

3.3.3 Fertigungskosten als fertigungstechnische Eigenschaft

Die Ermittlung optimaler Bearbeitungsbedingungen – zunächst als Vorabbestimmung der optimalen Einstellwerte für einen bestimmten Bearbeitungsfall - setzt die Kenntnis der Zielfunktion Fertigungskosten voraus. Daher war die Ermittlung von Formeln für die Fertigungskosten lange Gegenstand auch der fertigungstechnischen Literatur [26...28, 32, 33]. Angestrebt werden minimale Fertigungskosten je Werkstück; der Zielsetzung entsprechend werden dabei nur die Kostenanteile berücksichtigt, die von den Bearbeitungsbedingungen beeinflußt werden.

Mit den Lohn- und Maschinenkosten je Zeiteinheit k_{lm}, den pro Standzeit T anfallenden Kosten K_W für Werkzeugwechsel, Werkzeugverbrauch und Werkzeugnachschliff sowie der Schnittzeit t_s gilt danach für die Fertigungskosten je Werkstück oder je Schnitt

$$K = k_{lm}\, t_s + K_W\, t_s / T \qquad (3.17)$$

(An- und Überlaufweg des Werkzeugs sind gegenüber der Werkstücklänge vernachlässigt, daher tritt im ersten Summanden statt der Grundzeit die Schnittzeit auf .)

Für die Beschreibung und den Vergleich der fertigungstechnischen Eigenschaften verschiedener BA (Auswirkung variabler äußerer Gegebenheiten) sind ebenfalls nur die von den Bearbeitungsgrößen abhängigen Fertigungskostenanteile wichtig, sodaß der Umfang der Gl. 3.17 für diesen Zweck hinreichend ist. Dagegen stellen die Fertigungskosten je Werkstück das Ergebnis eines abgeschlossenen Bearbeitungsvorgangs dar, erlauben Aussagen also nur für bestimmte Bearbeitungsfälle. Daher ist zunächst eine Momentangröße der Fertigungskosten zu ermitteln.

3.3.3.1 Kostenanstieg

Als Kostenanstieg wird hier der Quotient bearbeitungsgrößenabhängige Fertigungskosten durch Zeit bezeichnet. Mit Gl. 3.14 oder 3.15 wird der momentane Kostenanstieg während der Schnittzeit t_s

$$\dot{K} = k_{lm} + K_W \cdot \dot{W} / (W_{gr} - W_0) = k_{lm} + K_W \, v^p \, s^q / C \qquad (3.18)$$

$\dot{K}$ kennzeichnet zwar als Momentangröße eine fertigungstechnische Eigenschaft des Zerspanvorgangs, hat jedoch keinen Bezug zur Bearbeitungsaufgabe und ist daher nicht genügend aussagefähig.

3.3.3.2 Volumkosten

Zweck des Zerspanvorgangs bei der Schruppbearbeitung ist das Abtrennen eines bestimmten Werkstoffvolumens vom Werkstückrohteil. Deshalb ist es sinnvoll, die aufzuwendenden Kosten zu dem zerspanten Volumen in Beziehung zu setzen. Unter den Volumkosten wird daher der Quotient bearbeitungsgrößenabhängige Fertigungskosten durch Spanungsvolumen verstanden. Bezieht man die Fertigungskosten nach Gl. 3.17 auf das Spanungsvolumen und führt den Spanungsstrom $Q_0 = V/t_s$ ein, so ergeben sich die Volumkosten zu

$$k_v = K / V = k_{lm} / Q_0 + K_W / Q_0 \cdot T \qquad (3.19)$$

und mit Gl. 3.10 und 3.15

$$k_v = k_{lm} / a \cdot s \cdot v + K_W \, v^{p-1} \cdot s^{q-1} / C \cdot a \qquad (3.20)$$

Mit den für die einzelnen BA geltenden Beziehungen zwischen den Bearbeitungsgrößen und den Parametern erhält man daraus schließlich Ausdrücke für die Volumkosten, die für jede BA den Einfluß dieser Parameter auf k_v angeben. Werden jeweils zwei der Größen a, r und k_s als konstant betrachtet, so ergeben sich drei Beziehungen für die Abhängigkeit der Volumkosten von der dritten äußeren Gegebenheit:

$$\left.\begin{aligned} k_v(a) &= D_1 \cdot a^{d_1} + D_2 \cdot a^{d_2} \\ k_v(r) &= D_3 \cdot r^{d_3} + D_4 \cdot r^{d_4} \\ k_v(k_s) &= D_5 \cdot k_s^{d_5} + D_6 \cdot k_s^{d_6} \end{aligned}\right\} \quad (3.21)$$

wobei $D_1 \ldots D_6$ Abkürzungen für die jeweils konstanten Anteile, $d_1 \ldots d_6$ für die Exponenten darstellen. In Tabelle 3-IV sind diese drei kennzeichnenden Volumkostenbeziehungen zusammengestellt.

Betriebsart Nr.	konst. G.	$k_v(a) =$	$k_v(r) =$	$k_v(k_s) =$
1	n u			
2	n s	$D_1/a + D_2/a$	$D_3/r + D_4 r^{p-1}$	$D_5 + D_6$
3	u s			
4	u v	$D_1/a + D_2/a$	$D_3/r + D_4 r^{q-1}$	$D_5 + D_6$
5	v s	$D_1/a + D_2/a$	$D_3 + D_4$	$D_5 + D_6$
6	n F_s	$D_1 + D_2 a^{-q}$	$D_3/r + D_4 r^{p-1}$	$D_5 k_s + D_6 k_s^{1-q}$
7	u F_s	$D_1/a + D_2 a^{p-q-1}$	$D_3/r + D_4 r^{p-1}$	$D_5 + D_6 k_s^{p-q}$
8	v F_s	$D_1 + D_2 a^{-q}$	$D_3 + D_4$	$D_5 k_s + D_6 k_s^{1-q}$
9	n M_s	$D_1 + D_2 a^{-q}$	$D_3 + D_4 r^{p-q}$	$D_5 k_s + D_6 k_s^{1-q}$
10	u M_s	$D_1/a + D_2 a^{p-q-1}$	$D_3/r + D_4 r^{2p-q-1}$	$D_5 + D_6 k_s^{p-q}$
11	v M_s	$D_1 + D_2 a^{-q}$	$D_3 \cdot r + D_4 r^{1-q}$	$D_5 k_s + D_6 k_s^{1-q}$
12	n P_s	$D_1 + D_2 a^{-q}$	$D_3 + D_4 r^{p-q}$	$D_5 k_s + D_6 k_s^{1-q}$
13	v P_s	$D_1 + D_2 a^{-q}$	$D_3 + D_4$	$D_5 k_s + D_6 k_s^{1-q}$
14	s P_s	$D_1 + D_2 a^{-p}$	$D_3 + D_4$	$D_5 k_s + D_6 k_s^{1-p}$
15	$F_s P_s$	$D_1 + D_2 a^{-q}$	$D_3 + D_4$	$D_5 k_s + D_6 k_s^{1-q}$
16	$M_s P_s$	$D_1 + D_2 a^{-q}$	$D_3 + D_4 r^{p-q}$	$D_5 k_s + D_6 k_s^{1-q}$

Tabelle 3-IV: Abhängigkeit der Volumkosten k_v von Schnittiefe a, Drehradius r und spezifischer Schnittkraft k_s

Die Volumkosten fallen meist mit steigender Schnittiefe (Bild 3-8a), nur bei den beiden Grenzregelbetriebsarten mit u = const (BA 7, 10) kann sich ein Volumkostenminimum ausbilden (Bild 3-8b). Eine Berechnung dieses Optimalwerts ist nur sinnvoll, wenn außer den Kosten- und Verschleißkonstanten und den beiden Einstellwerten (hier u und F_s oder M_s) die äußeren Gegebenheiten r und k_s bekannt und während der Bearbeitung konstant sind und wenn ferner das Rohteil so beschaffen ist, daß die konstante Schnittiefe $a_{k_v\,opt}$ eingestellt werden kann. Diese Voraussetzung widerspricht jedoch gerade der Zweckbestimmung einer Einrichtung, die Änderungen dieser äußeren Gegebenheiten kompensieren soll. Die unter der Annahme konstanter Werte von k_s und r berechneten optimalen Schnittiefen liegen außerdem oft über einer z.B. von den Werkstückabmessungen gezogenen praktischen Grenze.

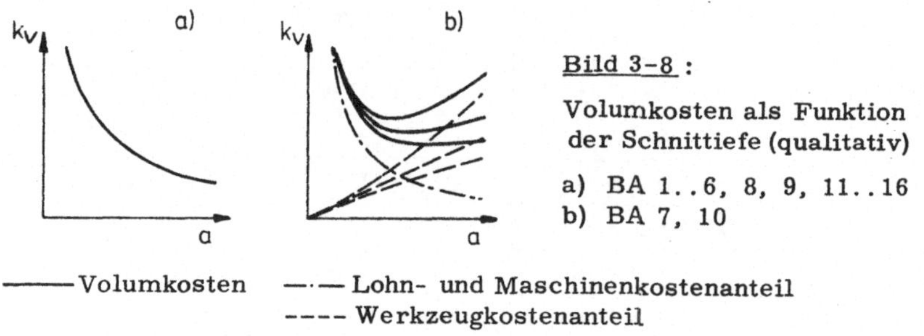

Bild 3-8 : Volumkosten als Funktion der Schnittiefe (qualitativ)
a) BA 1..6, 8, 9, 11..16
b) BA 7, 10

Bei steigender spezifischer Schnittkraft sind die Volumkosten entweder konstant (Bild 3-9a), steigen progressiv an (Bild 3-9b) oder weisen ein Minimum auf (Bild 3-9c). Bei den meisten Grenzregelbetriebsarten bestimmt der Vorschubexponent q der Standzeitgleichung die Art der Abhängigkeit (Bild 3-9d); für $q > 1$ kann ein Kostenminimum auftreten. Der Einfluß von Drehradiusänderungen auf die Volumkosten ist uneinheitlich (Bild 3-10); bei einigen BA (Teilbilder c und e für $q > 1$) kann sich ein Kostenminimum ergeben, das aber ebenfalls keine praktische Bedeutung hat.

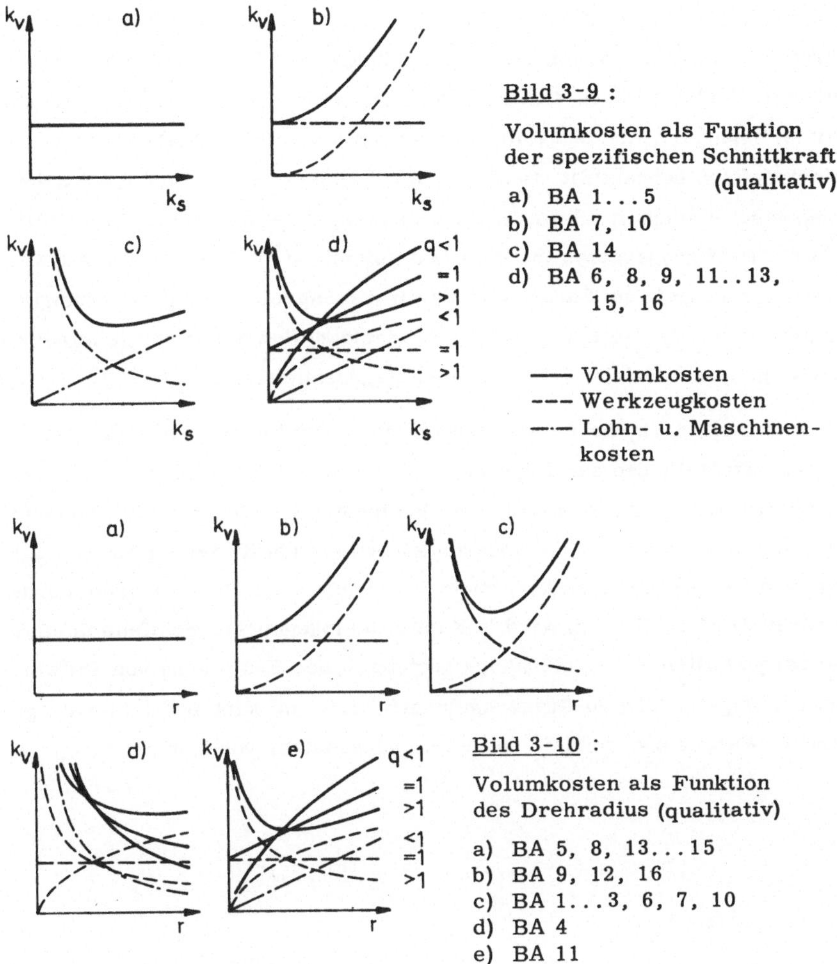

Bild 3-9 :

Volumkosten als Funktion der spezifischen Schnittkraft (qualitativ)

a) BA 1...5
b) BA 7, 10
c) BA 14
d) BA 6, 8, 9, 11..13, 15, 16

—— Volumkosten
--- Werkzeugkosten
-·- Lohn- u. Maschinenkosten

Bild 3-10 :

Volumkosten als Funktion des Drehradius (qualitativ)

a) BA 5, 8, 13...15
b) BA 9, 12, 16
c) BA 1...3, 6, 7, 10
d) BA 4
e) BA 11

3.4 Zusammenfassung

Für den Bearbeitungsvorgang Drehen wird ein Modell mit zwei Stell-, zwei Bearbeitungs-, drei (Primär-)Kenngrößen und drei Parametern (äußeren Gegebenheiten) erstellt. Anhand dieses Modells können 16 mögliche Methoden der Führung des Bearbeitungsvorgangs – Betriebsarten genannt – systematisch abgeleitet werden. Einige dieser Betriebsarten kommen als Grenzregelungsstrategien in Betracht.

Die kennzeichnenden Eigenschaften dieser Betriebsarten im Hinblick einerseits auf das Verhalten der Bearbeitungs- und Primärkenngrößen bei veränderlichen äußeren Gegebenheiten, andererseits auf die Erfüllung der fertigungstechnischen Aufgaben werden ermittelt und tabellarisch oder grafisch dargestellt. Gesichtspunkte sind Oberflächengüte, Bearbeitungsgeschwindigkeit, Spanungsstrom (zerspantes Werkstoffvolum/Zeit) und die Fertigungskosten in Form der Volumkosten. Hierzu ist die Ermittlung und einfache Darstellung der Werkzeugverschleißgeschwindigkeit erforderlich. Die Betriebsarten unterscheiden sich durch unterschiedliche Auswirkungen veränderlicher äußerer Gegebenheiten.

Die ermittelten Eigenschaften dienen einmal zur Beschreibung der verschiedenen Methoden zur Führung des Zerspanvorgangs und bieten damit Anhaltspunkte für die Auswahl einer geeigneten Betriebsart für gegebene Bearbeitungsaufgaben, zum anderen können sie als Kriterien für eine allgemeine Beurteilung und Bewertung der abgeleiteten Betriebsarten herangezogen werden. Hierauf wird in Kapitel 5 eingegangen. Schließlich sind die dargestellten Zusammenhänge auch bei einer Festlegung von Sollwerten der Regelgrößen an Grenzregelungen, z.B. im Hinblick auf Spanungsstrom, Werkzeugverschleiß und Fertigungskosten, von Nutzen.

4. Möglichkeiten zur Realisierung der Betriebsarten

In Kapitel 3 waren anhand eines Modells 16 unterschiedliche Prinzipien der Führung des Bearbeitungsvorgangs abgeleitet und beschrieben worden. In diesem Kapitel wird untersucht und dargestellt, ob und auf welche Weise diese Betriebsarten verwirklicht werden können.

Zur Führung des Zerspanprozesses sind - ausgenommen die BA 1...3 für die konventionelle Bearbeitung - Steuerungen oder Regelungen erforderlich. Dazu gehören Meßwertaufnehmer für die Regelgrößen, Steuer- oder Regeleinrichtungen und Stellglieder. Voraussetzungen für Einrichtungen zur Verwirklichung der BA, d.h. für technologische Regelungen an der Werkzeugmaschine, sind einmal die stetige Verstellbarkeit der Stellgrößen Spindeldrehzahl und/oder Vorschubgeschwindigkeit, zum anderen die Meß- oder Erfaßbarkeit der Bearbeitungs- und Kenngrößen.

4.1 Einrichtungen zur Verwirklichung der Betriebsarten

4.1.1 Aufbau der Steuer- und Regeleinrichtungen

Um eine Kenngröße des Zerspanvorgangs konstantzuhalten, ist im allgemeinen eine Regelung erforderlich, die z.B. nach Bild 4-1a aufgebaut sein kann. Bild 4-1b zeigt ein Beispiel einer solchen Regelung am Modell des Bearbeitungsvorgangs nach Bild 3-4, wobei F_s als Regelgröße, u als Stellgröße der Regelung gewählt ist, während n unveränderlich bleibt (BA 6). Sensor, Vergleicher und Stellglied sind dabei zur Regeleinrichtung zusammengefaßt. Der Übersichtlichkeit wegen wird diese Regelung nach Bild 4-1c vereinfacht dargestellt, wobei zur Kennzeichnung der BA nur die beiden konstanten Größen (hier F_s und n) angeschrieben werden.

Einrichtungen zum Einhalten einer konstanten Schnittgeschwindigkeit v haben meist den in Bild 4-2a gezeigten Aufbau, wobei der Sollwert für die Steuerung der Spindeldrehzahl n (hier mit Drehzahlregelkreis) aus einer Division des v-Sollwerts durch den gemessenen oder dem Programmspeicher entnommenen Wert des Drehradius gewonnen wird.

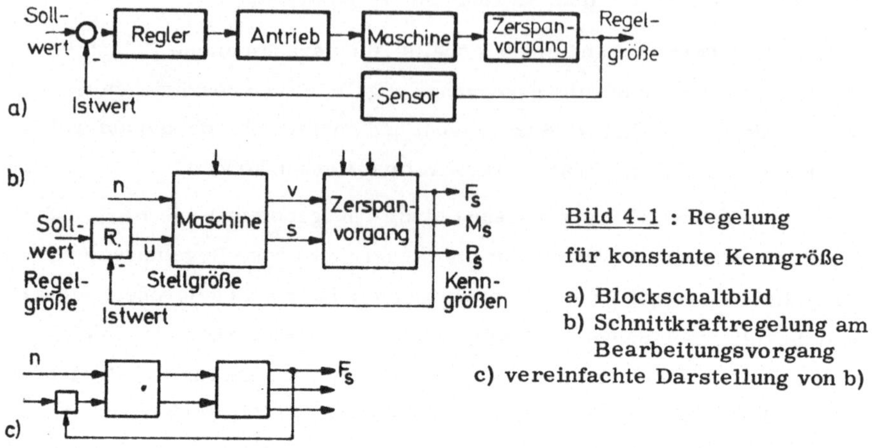

Bild 4-1 : Regelung für konstante Kenngröße

a) Blockschaltbild

b) Schnittkraftregelung am Bearbeitungsvorgang

c) vereinfachte Darstellung von b)

Bild 4-2b zeigt diese Schnittgeschwindigkeitssteuerung am Bearbeitungsvorgang. Obwohl es sich nicht um eine Regelung handelt, wird der Einheitlichkeit wegen hierfür eine Darstellung nach Bild 4-2c benutzt.

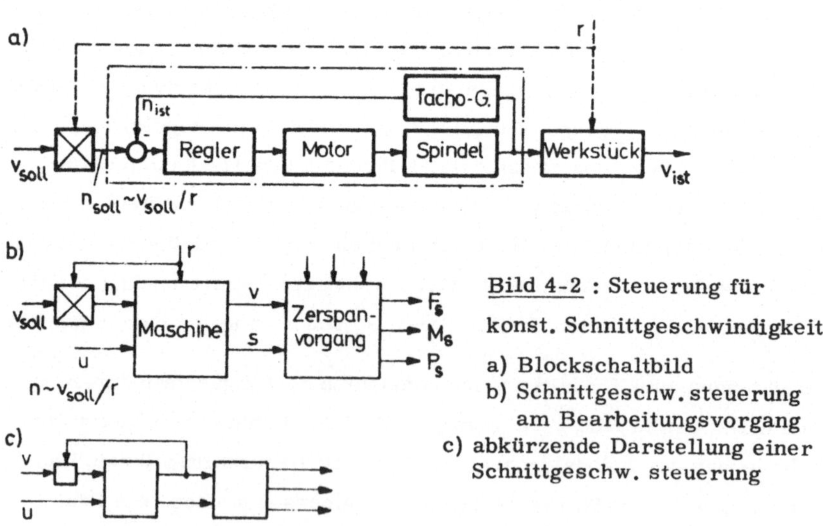

Bild 4-2 : Steuerung für konst. Schnittgeschwindigkeit

a) Blockschaltbild

b) Schnittgeschw. steuerung am Bearbeitungsvorgang

c) abkürzende Darstellung einer Schnittgeschw. steuerung

Auch das Einhalten eines konstanten Vorschubs s_{soll} erfordert keine Regelung; wegen $u_{soll} = n \cdot s_{soll}$ kann hier die Stellgröße Vorschubgeschwindigkeit proportional zur Drehzahl verstellt werden. Bild 4-3 zeigt die im folgenden benutzte Darstellung.

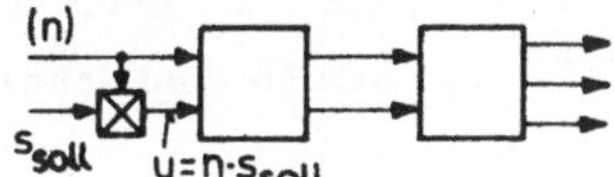

Bild 4-3 : Einrichtung zum Einhalten eines konstanten Vorschubs

Bild 4-4 zeigt den Aufbau der Einrichtungen zur Verwirklichung der Betriebsarten anhand der erläuterten Darstellung. Bei den BA 1, 2 und 3 sind jeweils n, u und s konstant; sie können ohne zusätzliche Regelung realisiert werden (Bild 4-4a). BA 2 entspricht der Universaldrehmaschine mit vom Hauptantrieb mechanisch abgeleiteter Vorschubbewegung. Maschinen mit separatem Vorschubantrieb werden im einfachsten Fall mit u = const betrieben, ist auch n konstant (BA 1), ergibt sich wieder konstanter Vorschub. Mit nichtmechanischen Synchronisiereinrichtungen kann auch hier die Vorschubbewegung von der Spindeldrehung abhängig gemacht werden. BA 3 hat keine praktische Bedeutung.

Die BA 4 und 5 (Bild 4-4b) machen eine Steuerung der Spindeldrehzahl auf konstante Schnittgeschwindigkeit notwendig, u ist entweder konstant oder wird zum Einhalten eines konstanten Vorschubs proportional zu n verstellt. Bei den BA 6, 9 und 12 (Bild 4-4c) ist n konstant, u dient als Stellgröße für einen Kenngrößen-Regelkreis. Bild 4-4d zeigt die BA 7, 10 und 14, bei denen die Konstanz einer Kenngröße durch eine Regelung mit der Stellgröße n erreicht wird. u ist dabei entweder konstant oder wird proportional zu n verstellt (s = const). In Bild 4-4e sind diejenigen BA zusammengefaßt, bei denen sowohl eine Steuerung auf konstante Schnittgeschwindigkeit als auch eine Kenngrößenregelung mit Verstellen der Vorschubgeschwindigkeit vorliegt (BA 8, 11, 13).

Bei BA 15 (F_s und P_s konstant) ist der Wert für v nach Gl. 3.7 durch die Sollwerte von P_s und F_s festgelegt; mit einer Steuerung auf diese konstante Schnittgeschwindigkeit und einer Schnittkraft- oder Schnittleistungsregelung mit Stellgröße u (BA 8 oder 13, Bild 4-4e) kann daher auch diese Art der Prozeßführung verwirklicht werden. Ähnliches gilt für BA 16, bei der zusätzlich n konstant wird, so daß die BA 9 oder 12 (Bild 4-4c) denselben Zweck erfüllen. Die BA 15 und 16 sind daher in Bild 4-4 nicht aufgeführt.

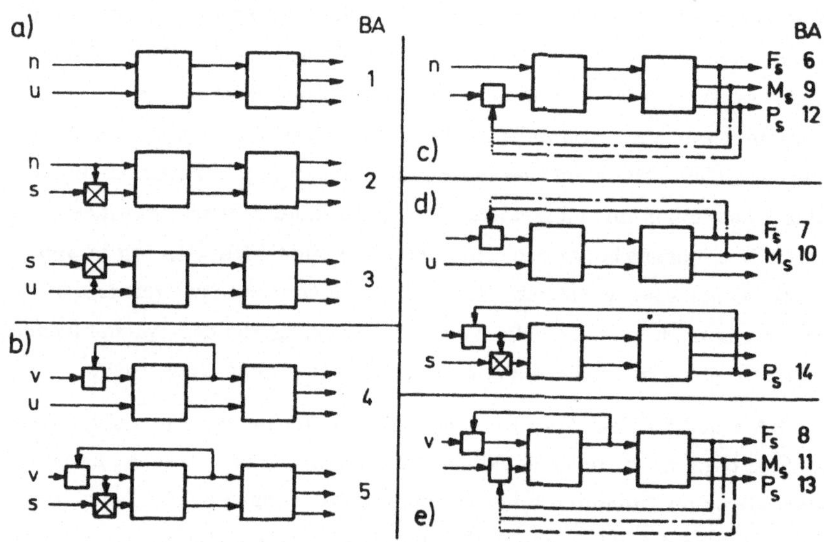

Bild 4-4: Aufbau der Einrichtungen zur Realisierung der Betriebsarten
BA = Nummer der Betriebsart
Die mit Formelzeichen angegebenen Größen sind bei der betreffenden Betriebsart konstant.

4.1.2 Übertragungsbeiwert der Regelstrecke Maschine-Zerspanvorgang

Der Quotient Änderung der Regelgröße durch Änderung der Stellgröße im Beharrungszustand heißt Übertragungsbeiwert der Regelstrecke [2] . Sein Wert beeinflußt die Verstärkung des gesamten Regelkreises und damit dessen dynamische Eigenschaften [59, 75] . Änderungen dieses Übertragungsbeiwerts können zur Instabilität der Regelkreise bei fest eingestelltem Regler führen, so daß bei stark veränderlichen Parametern der Regelstrecke eine Anpassung (Adaption) der Reglereigenschaften erforderlich wird [74, 75] . Zu unterscheiden ist dabei zwischen vorab bekannten oder willkürlichen Änderungen von Einstellgrößen bei den einzelnen Bearbeitungsgängen (Werte der Konstanten n, v, F_s usw.), einfach erfaßbaren Änderungen äußerer Gegebenheiten während eines Schnitts (z.B. r) und nicht erfaßbaren Änderungen äußerer Gegebenheiten (k_s, a), die durch gesteuerte bzw. geregelte Adaption kompensiert werden müssen. Tabelle 4-I zeigt die Beziehungen für den Übertragungsbeiwert der Regelstrecke bei den Grenzregelbetriebsarten; er ist in allen Fällen von k_s und a abhängig.

Aktive Stellgr. u	n	n und u
[6] $\Delta F_s/\Delta u = k_s \cdot a/n$	[7] $\Delta F_s/\Delta n = F_s^2/u \cdot k_s \cdot a$	[8] $\Delta F_s/\Delta u = 2\pi k_s \cdot a \cdot r/v$
[9] $\Delta M_s/\Delta u = k_s \cdot a \cdot r/n$	[10] $\Delta M_s/\Delta n = M_s^2/u \cdot k_s \cdot a \cdot r$	[11] $\Delta M_s/\Delta u = 2\pi k_s \cdot a \cdot r^2/v$
[12] $\Delta P_s/\Delta u = 2\pi k_s \cdot a \cdot r$	[14] $\Delta P_s/\Delta n = 2\pi s \cdot k_s \cdot a \cdot r$	[13] $\Delta P_s/\Delta u = 2\pi k_s \cdot a \cdot r$
n = const	7, 10: u = const 14: s = const	v = const

Tabelle 4-I: Übertragungsbeiwert der Regelstrecke Maschine-Zerspanvorgang bei den Grenzregel-BA
☐ Nummer der Betriebsart

4.2 Meßgrößen und ihre Erfassung an der Drehmaschine

Dieser Abschnitt befaßt sich mit Möglichkeiten und Ausführungsbeispielen zur meßtechnischen Erfassung der Bearbeitungs- und Primärkenngrößen an Drehmaschinen.

4.2.1 Meßgrößen und Bauartgruppen von Sensoren

Aus Abschnitt 4.1.1 geht hervor, daß eine Messung der Bearbeitungsgröße "Vorschub" bei keiner Betriebsart erforderlich ist. Nach Bild 4-2 kann eine Schnittgeschwindigkeitsmessung umgangen werden, wenn der momentane Drehradius z.B. über die Werkzeugposition erfaßt wird.

Wird eine beliebige der drei Primärkenngrößen gemessen, so können hieraus gemäß Gl. 3.6...3.8 die beiden anderen Größen errechnet werden, wozu die Kenntnis von Drehradius und/oder Werkstückdrehzahl erforderlich ist. Meß- und Regelgrößen brauchen daher bei diesen einfachen Grenzregelungen nicht identisch zu sein. Ferner können so ohne zusätzlichen Aufwand für Sensoren Einrichtungen geschaffen werden, bei denen mehrere Grenzgrößen gleichzeitig überwacht werden (z.B. Spindeldrehmoment, Schnittkraft am Werkzeug, Motorleistung), von denen jeweils eine als Regelgröße dient.

Sensoren zur direkten und indirekten Erfassung der Primärkenngrößen können an verschiedenen Stellen im Kraft- und Leistungsfluß der Werkzeugmaschine angeordnet werden. Bild 4-5 zeigt schematisch einige Möglichkeiten, die größtenteils bereits für Adaptive-Control-Systeme genutzt worden sind. Werkzeugseitig können die Sensoren entweder unmittelbar am Drehwerkzeug (1), am Werkzeughalter (2) oder schließlich im Vorschubantrieb (3) angebracht werden. Auf der Werkstückseite kommen Sensoren zur Messung der zerspankraftbedingten elastischen Verlagerung der Pinole am Reitstock (4) oder der Drehspindel (5) in Betracht. An der Spindel können weiter Lagerreaktionskräfte (6) oder elastische Verformungen der Spindel selbst (7) erfaßt werden. Schließlich ist es auch möglich, Sensoren im Hauptantrieb anzuordnen, z.B. innerhalb des Getriebes (8) oder am Elektromotor (9).

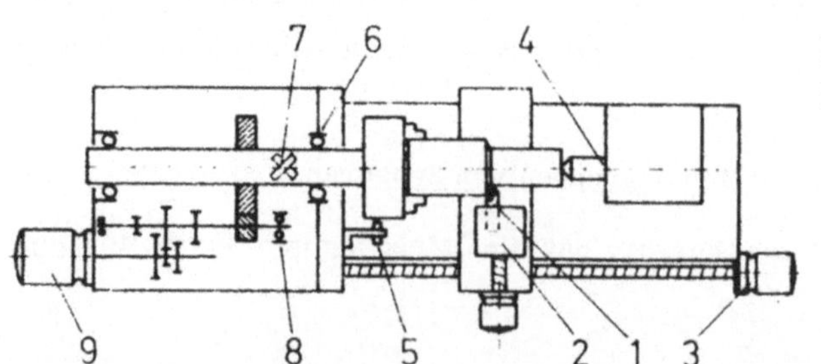

Bild 4-5 : Möglichkeiten zur Erfassung der Primärkenngrößen an der Drehmaschine

4.2.2 Werkzeugseitige Zerspankraftsensoren

Sensoren der ersten Gruppe (Drehwerkzeug) erlauben die Messung einer Zerspankraftkomponente; eine Komponententrennung läßt sich nur schwer durchführen. Meist werden Dehnungsmeßstreifen in eine Aussparung (Querschnittsverringerung) des Schafts geklebt [71, 76] oder es wird die Schaftverformung mechanisch auf einen induktiven Wegaufnehmer übertragen [64]. Vorteilhaft im Hinblick auf die Dynamik und die Genauigkeit der Meßgrößenerfassung ist die Lage unmittelbar an der Wirkstelle, nachteilig ist der große Einfluß der Zerspanungswärme und die Erfordernis, speziell präparierte und umständlich zu handhabende Werkzeuge zu benutzen.

Schnittkraftmesser der zweiten Gruppe (Werkzeughalter) werden häufig als Sensoren benutzt. Zu dieser Gruppe sind auch die Mehrkomponenten-Schnittkraftmesser [80, 84] zu zählen, deren Anwendung für einfache Grenzregelungen des unnötig hohen Aufwands wegen jedoch nicht gerechtfertigt erscheint. Die einfacheren Geräte zur Messung einer Komponente oder einer summarischen Wirkung der Zerspankraft können weiter unterteilt werden in Einrichtungen, die elastische Verformungen oder Verlagerungen des Werkzeughalters zur Kraftermittlung benutzen und Geräte, bei denen die Abstützung zwischen Werkzeughalter und Schlitten als Sensor ausgebildet ist. Bei Meßgeräten der ersten Art dienen Dehnungsmeßstreifen [73] oder induktive Wegaufnehmer als Meßumformer, wobei der Werkzeughalter unverändert [63] oder zum Erreichen definierter Verformungen geschlitzt sein kann [64, 73]. Als Abstütz- und Meßelemente der zweiten Bauart werden nach dem magnetoelastischen Prinzip arbeitende Kraftmeßdosen [82] oder mit Dehnungsmeßstreifen versehene Unterlagscheiben bzw. Bolzen verwendet [69, 79]. Die Störeinflüsse der Zerspanwärme können bei den Sensoren dieser Gruppe besser beherrscht werden als bei den Werkzeugsensoren, der Abstand Wirkstelle - Meßstelle ist hinreichend gering, Standardwerkzeuge können verwendet werden. Zeitverhalten und Linearität der Sensoren sind von der Konstruktion abhängig (Steifigkeit, Masse; Hysterese durch klemmungsbedingte Reibung).

Sensoren am Vorschubantrieb (Gruppe 3) erlauben eine Messung der Komponente Vorschubkraft. Von Nachteil ist der das Zeitverhalten, die Meßempfindlichkeit und die Proportionalität der Meßanordnung beeinträchtigende Einfluß der mechanischen Elemente zwischen Wirk- und Meßstelle. Ferner ist die Aussagefähigkeit der Meßgröße Vorschubkraft für die Auslastung von Werkzeug und Maschine zu gering, zumal nach [12] kein einfach auswertbarer Zusammenhang zwischen Vorschub- und Schnittkraft besteht. Daher wird diese Art der Messung an Drehmaschinen nur selten angewandt [34] .

4.2.3 Werkstückseitige Zerspankraftsensoren (hierzu Anhang A4)

Bei den folgenden Gruppen von Meßwertaufnehmern werden die auf die Werkstückspanneinrichtungen wirkenden Reaktionskräfte zur Ermittlung der Zerspankraft herangezogen, wobei elastische Verlagerungen als eigentliche Meßgröße erfaßt werden können. Sensoren für die Spindelabdrängung (Gruppe 5) werden an Drehmaschinen bislang nicht eingesetzt. Die veränderliche Lage der Wirkstelle Werkzeug-Werkstück verändert die Meßempfindlichkeit, Maschineneigenschaften wie Unrundlauf der Spindel können Störungen verursachen.

Die Eigenschaften von Einrichtungen zur Ermittlung der Zerspankräfte über Reaktionskräfte an der Reitstockspitze (Sensorengruppe 4) werden im Anhang A 4 untersucht. Es zeigt sich, daß die Messung einmal vom variablen Anteil des Werkstückgewichts an der Vertikalkraft, zum anderen durch die Verschiebung des Kraftangriffspunkts über die Drehlänge stark beeinflußt wird. Schnittkraftsensoren dieser Gruppe sind daher wenig vorteilhaft und bei Futterdrehteilen ohnehin wirkungslos. Sie werden selten eingesetzt; ein Anwendungsfall wird in [64] beschrieben.

4.2.4 Sensoren an der Spindellagerung (hierzu Anhang A5)

Die Eigenschaften von Meßeinrichtungen der Gruppe 6 (Ermittlung der

Zerspankraft über die Reaktionskräfte der Spindellager) werden für die Fälle Werkstückspannung zwischen Spitzen bzw. im Futter in Anhang A 5 untersucht. Danach ist es zwar möglich, die Schnittkraft auf diese Weise zu erfassen, die Meßgenauigkeit wird aber durch den Gewichtseinfluß beeinträchtigt. Außerdem erfordert die variable Empfindlichkeit je nach Art der Werkstückspannung eine aufwendige Korrektur mit dem Drehradius und der Längskoordinate des Bearbeitungsorts. Zu diesen prinzipbedingten Nachteilen kommen Schwierigkeiten bei der Auswahl geeigneter Lagerkraftsensoren, die ohne wesentliche Eingriffe in die Konstruktion und ohne Beeinträchtigung der Lagersteifigkeit angebracht werden müssen. Auch die "Kraftmeßlager" [95] (Erfassen der elastischen Verformung im Außenring eines Wälzlagers beim Überrollen durch die Wälzkörper mit einem in eine Ringnut eingeklebten Dehnungsmeßstreifen) sind zur Schnittkraftmessung an Drehmaschinen ungeeignet [69].

4.2.5 Drehmomentsensoren an der Hauptspindel und im Getriebe (hierzu Anhang A 6)

Bei verschiedenen Grenzregelungen wird als Maß für die Schnittbelastung das Drehmoment an der Hauptspindel erfaßt. Als Meßumformer dienen auf die Spindel aufgeklebte Dehnungsmeßstreifen; die Meßsignale werden mit Schleifringen, Quecksilber-Meßstromübertragern oder induktiv übertragen. Nachteilig bei dieser 7. Gruppe von Sensoren kann außer dem Aufwand für eine betriebssichere Signalübertragung die geringe Empfindlichkeit bei ungeschwächtem Spindelquerschnitt bzw. die reduzierte Steifigkeit bei meßgerecht veränderter Spindel sein. Als mechanische Störeinflüsse können die lastabhängige Reibung der Spindellager und die Anteile des Beschleunigungsmoments am Gesamtdrehmoment wirken.

Sind Werkstück, Spannfutter und Spindelanteil mit einem Massenträgheitsmoment J zu beschleunigen oder zu verzögern, tritt an der Meßstelle ein Beschleunigungsmoment

$$M_B = J \cdot d\omega / dt \qquad (4.1)$$

auf; Drehzahländerungen während des Schnitts stören die Drehmomentmessung. Gemessene Drehmomentspitzen beim Spindelanlauf oder beim Umschalten von Lastschaltgetrieben lassen sich, da sie zu definierten Zeiten auftreten, durch Schaltungsmaßnahmen ausblenden, Beschleunigungsmomente bei Drehzahländerungen stetig verstellbarer Antriebe jedoch während der Zerspanung nicht unterdrücken. Zum Abschätzen dieses Störeinflusses wird in Anhang A 6 ein Plandrehvorgang betrachtet. Wie das Beispiel zeigt, können selbst bei Drehradien, bei denen die geforderte Beschleunigung nicht an der Leistungsbegrenzung scheitert, Beschleunigungsmomente in der Größenordnung der Schnittdrehmomente auftreten. Beim Plandrehen nach außen sind die beiden Momente entgegengesetzt, so daß das gemessene Drehmoment null oder negativ werden kann. Für bestimmte Betriebsarten und Bearbeitungsfälle ist also das Spindeldrehmoment als Meßgröße ungeeignet.

Bei einigen Spindelkonstruktionen sitzt das Bodenrad so nahe am vorderen Spindellager, daß keine Meßumformer angebracht werden können. Da das Spindeldrehmoment, von der Reibung abgesehen, proportional der auf die Verzahnung ausgeübten Kraft ist, kann es über die Reaktionskraft an den Lagern der vorgeschalteten Getriebewelle erfaßt werden (Sensorengruppe 8). Hierzu sind Lagerbuchsen mit Dehnungsmeßstreifen als Aufnehmerkörper für die radiale oder axiale*) Lagerkraft entwickelt worden. Eine rotierende Meßsignalübertragung ist nicht erforderlich, doch läßt der große Abstand von der Wirkstelle Störeinflüsse der im Kraftfluß liegenden Elemente erwarten, wie auch Untersuchungen ergaben [69] . Die Einschränkungen bezüglich bestimmter Bearbeitungsfälle gelten in gleicher Weise. Ist die Zwischenwelle, an der gemessen werden soll, gleichzeitig Getriebewelle, so ändert sich überdies je nach Getriebestufe die Empfindlichkeit der Meßanordnung.

4.2.6 Sensoren am Antriebsmotor (hierzu Anhang A 6)

Meßwertaufnehmer dieser letzten Gruppe können ohne Eingriffe in die Ma-

*) bei Schrägverzahnung

schinenkonstruktion angebracht werden. Bei einem Gleichstrom-Nebenschlußmotor ist der Ankerstrom proportional dem Motordrehmoment, sofern nicht das Feld zur Drehzahleinstellung verändert wird. Diese einfache Möglichkeit zur Drehmomentmessung wird bei verschiedenen Grenzregelungen benutzt[63, 79]. Durch Multiplikation des Ankerstroms mit der ebenfalls einfach meßbaren Spannung ergibt sich die Leistungsaufnahme des Motors[74, 79]. Auch bei Drehstromasynchronmaschinen als Spindelantrieb wird die elektrische Leistungsaufnahme gemessen[73].

Nachteilig ist das ungünstige dynamische Verhalten dieser Meßanordnungen [69], das ihren Einsatz zur Anschnitterkennung (Abschnitt 4.3.2) ausschließt. Der statische Zusammenhang zwischen Schnittkraft bzw. Schnittleistung und der Meßgröße Strom- bzw. Leistungsaufnahme wird ebenfalls durch die mechanischen Elemente (Motor, Getriebe, Spindel) beeinflußt. Deren Leistungsverlust im Leerlauf bzw. der Leerlaufstrom kann jedoch vor Schnittbeginn gemessen und während des Schnitts subtrahiert werden. Die zusätzlichen belastungsabhängigen Verluste wären durch ein Eichverfahren zu ermitteln, doch liegt nach [18] und [15] bei betriebswarmen Maschinen eine lineare Abhängigkeit dieser lastabhängigen Verluste von der Schnittleistung vor, die sich durch die Beziehung

$$P_s \approx 0,83 \, (P_{Motor} - P_{Leerlauf})$$

darstellen läßt, sodaß die Meßeinrichtung konstante Empfindlichkeit aufweist. Bei Drehzahlverstellung können jedoch Fehler verursacht werden einmal durch drehzahlabhängige Leistungsverluste, zum anderen durch die Beschleunigungsleistung, die in der Größenordnung der Schnittleistung liegen kann (<u>Anhang A 6</u>), so daß die gleichen Einschränkungen wie bei den Drehmomentsensoren gelten.

4.3 Stellgrößen und Stellglieder

In diesem Abschnitt werden einige Anforderungen an die Antriebe der Werkzeugmaschine als Stellglieder für Einrichtungen zur Führung des Bearbeitungsvorgangs dargestellt.

4.3.1 Stellgrößen und Ausführungsmöglichkeiten für Stellglieder

Bild 4-4 zeigt, daß die Vorschubgeschwindigkeit u bei den Grenzregelbetriebsarten 6, 8, 9, 11, 12 und 13 zum Einhalten einer konstanten Primärkenngröße verstellt werden muß, bei BA 14 wird sie drehzahlproportional verstellt, nur bei BA 7 und 10 bleibt sie im Schnitt unverändert. Die Drehzahl n ist Stellgröße eines Kenngrößenregelkreises bei den BA 7, 10 und 14, bei BA 6, 9 und 12 ist sie konstant.

Beide Stellgrößen erfordern stetig verstellbare Antriebe als Stellglieder. Für die Vorschubbewegungen numerisch bahngesteuerter Maschinen sind solche Antriebe – Gleichstromnebenschlußmotoren mit Ansteuerung durch Leonard-Umformer, Thyristor- oder Transistorverstärker, Hydraulikmotoren mit elektrisch betätigten Servoventilen, elektrohydraulische Schrittmotoren – entwickelt worden. Die Anforderungen bezüglich Vorschubkraft oder -leistung, Geschwindigkeit, Verstellbereich usw. können von diesen Antrieben auch beim Einsatz in Grenzregelungen erfüllt werden. Die höchsten Anforderungen an das dynamische Verhalten der Antriebe stellt hier der in 4.3.2 zu behandelnde Anschnittvorgang.

Als Hauptantriebe sind Drehstrommotoren mit Schieberad- oder auch unter Last schaltbaren Zahnradstufengetrieben zur Drehzahl- und Drehmomentanpassung an die Bearbeitungsaufgabe gebräuchlich; stetig verstellbare Hauptantriebe werden bisher selten – bei einigen Steuerungen für konstante Schnittgeschwindigkeit – eingesetzt. Damit kommen für die nachträgliche Ausrüstung einer Drehmaschine mit einer Grenzregelung vorzugsweise Systeme in Betracht, bei denen mit konstanter Drehzahl gearbeitet wird (BA 6, 9, 12). Bei Maschinen mit stetig verstellbaren Hauptantrieben (meist Gleichstrommotoren mit Leonardumformer) ist zu prüfen, ob die dynamischen Eigenschaften des Spindelantriebs zur Regelung der Primärkenngröße ausreichen. Weitere Anforderungen ergeben sich aus der verlangten hohen und über einen großen Drehzahlbereich konstanten Leistung für Schnitt- und Beschleunigungsmomente und dem notwendigen großen Drehzahlstellbereich [73].

4.3.2 Anforderungen an die Stellglieder beim Anfahren an das Werkstück (hierzu Anhang A 7)

Grenzregeleinrichtungen an Werkzeugmaschinen haben neben der Sicherung von Maschine, Werkzeug und Werkstück vor unzulässig hohen Beanspruchungen den Zweck, die Fertigungszeit oder die Fertigungskosten zu senken. Die Führung des Zerspanvorgangs aufgrund des Bearbeitungsablaufs erreicht dies durch Beeinflussung der Hauptzeit. Als Nebeneffekt einer Grenzregelung ergeben sich Möglichkeiten zur Senkung der Nebenzeiten. Hierzu gehört insbesondere das Reduzieren der Zeiten für das Überfahren schnittfreier Strecken, z.B. beim Anfahren des Werkzeugs an das Werkstück, indem diese Vorschubwege mit höherer als der zulässigen Arbeitsvorschubgeschwindigkeit durchfahren werden. Im allgemeinen ist es zweckmäßig, den Regelkreis erst dann zu schließen, wenn das Werkzeug im Schnitt und somit ein Istwert der Regelgröße vorhanden ist. Damit wird eine zusätzliche Einrichtung zur Anschnittsteuerung erforderlich, zu ihr gehört ein Sensor zum Erkennen des Anschnitts, eine Signalverarbeitung zum Einleiten des Abbremsvorgangs und ein dynamischer Vorschubantrieb.

Anschnittsensoren können nach verschiedenen teilweise verfahrensgebundenen Prinzipien arbeiten. Ausgenützt werden der galvanische Kontakt zwischen Werkzeug und Werkstück [66], das Überschreiten des Schwellenwerts einer Kenngröße (Motorleistung [73], Motorstrom [90], Schnittkraft [76]), Veränderungen an der Maschine (Spindelabdrängung [66], Druck im hydrostatischen Spindellager [76], Geschwindigkeitsabfall eines wenig steifen Vorschubantriebs [94]) oder sonstige mit dem Schnitt zusammenhängende Effekte (Schleiffunken [90], Vibrationen [90] bzw. Körperschall [46]).

Wird der Abbremsvorgang eingeleitet, bevor das Werkzeug das Werkstück berührt, kann der Einfluß der von Sensor und Antrieb herrührenden Verzugszeit kompensiert werden. Hierfür sind pneumatische, elektrische und induktive [76] Annäherungssensoren vorgeschlagen worden.

Anfahrgeschwindigkeit an das Werkstück, Werkstückdrehzahl und Abbremsdynamik des Vorschubantriebs müssen so aufeinander abgestimmt sein, daß die Werkzeugbelastung einen zulässigen Grenzwert nicht überschreitet. Als Kriterium hierfür kann die Spanungsgröße Vorschub gewählt werden; der Grenzwert sei s^*. Die Anfahrvorschubgeschwindigkeit sei u_0, zur Zeit $t = 0$ erfolge der Kontakt mit dem Werkstück (Bild 4-6). Nach der Totzeit T_A von Sensor, Steuerung und Antrieb werde der Abbremsvorgang eingeleitet, die Vorschubgeschwindigkeit folge einer Funktion $u(t)$. Für den zugehörigen Vorschub als Differenz der Werkzeugwege in Vorschubrichtung zum Zeitpunkt t und zu einem um die Umdrehungszeit $T_U = 1/n$ des Werkstücks früheren Zeitpunkt $t-T_U$ gilt ([48]):

$$s = \int_{t-T_u}^{t} u(t)\, dt \qquad (4.2)$$

wobei im Fall des Anschnitts für $t<0$ $u(t) \equiv 0$ zu setzen ist.
Den Verlauf des Vorschubs und den Maximalwert s^* gibt für drei Werte von T_U Bild 4-6 wieder.

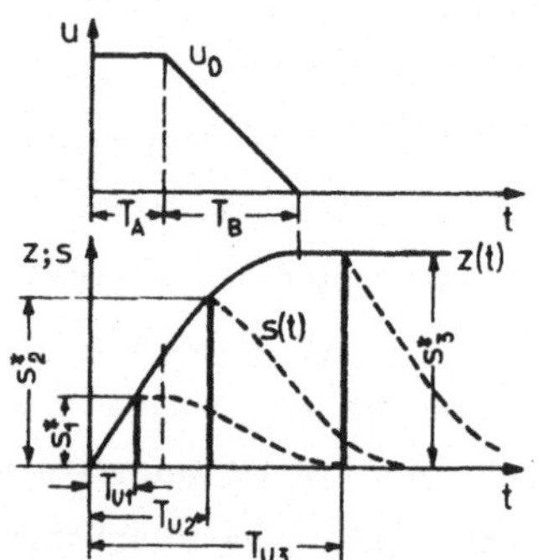

Bild 4-6 :
Abbremsvorgang beim Anfahren an das Werkstück für konstantes Verzögerungsmoment
z(t) = Werkzeugweg
s(t) = Vorschub

Die Diagramme Bild 4-7 und 4-8 zeigen die Verknüpfung der Größen Umdrehungszeit (Drehzahl), Antriebs- und Sensortotzeit, maximal zugelassener Vorschub, zulässige Anfahrgeschwindigkeit und Abbremszeitkonstante T bzw. Abbremsverzögerung a_A für zwei unterschiedliche Abbremscharakteristiken. Herleitung und Aufbau der Diagramme ist in Anhang A 7 beschrieben. Aus ihnen kann auf einfache Weise die zulässige Anfahrgeschwindigkeit bei gegebener Abbremsdynamik oder die erforderliche Zeitkonstante bzw. Verzögerung bei gewünschter Anfahrgeschwindigkeit für vorgegebene Werte von s^*, n und T_A bestimmt werden.

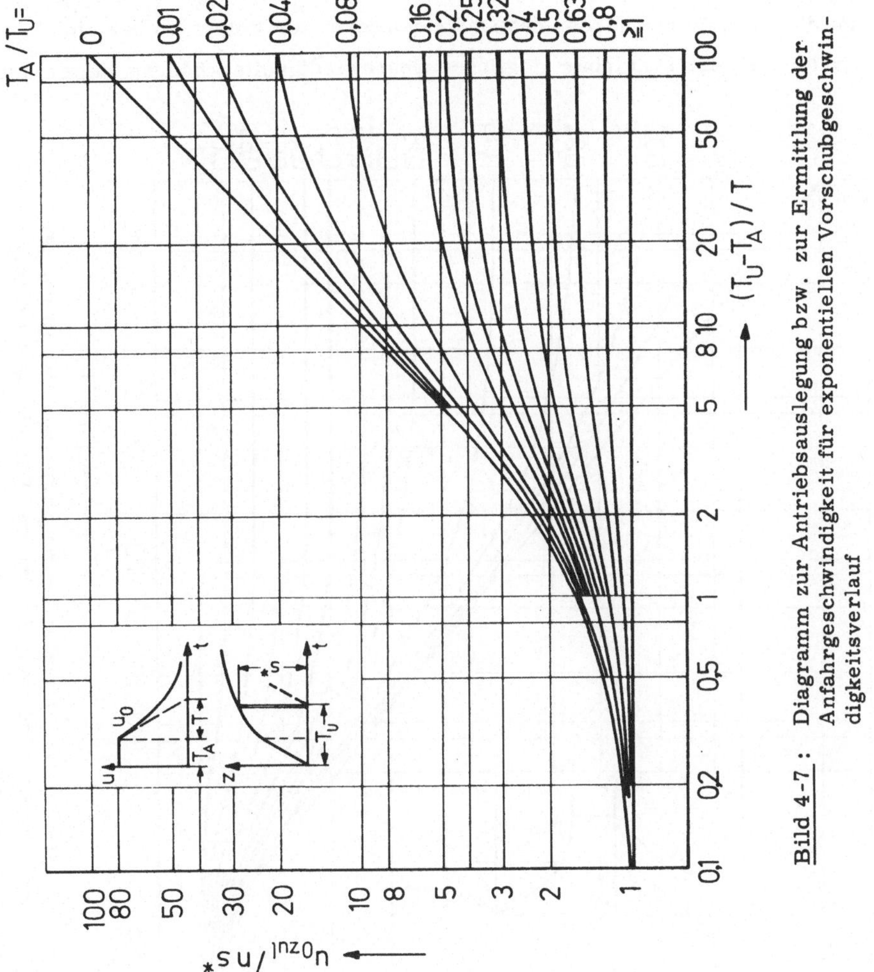

Bild 4-7 : Diagramm zur Antriebsauslegung bzw. zur Ermittlung der Anfahrgeschwindigkeit für exponentiellen Vorschubgeschwindigkeitsverlauf

Gelegentlich wird vorgeschlagen, zum Anfahren an das Werkstück dessen Drehzahl zu erhöhen, um nach der Beziehung

$$u_{0\ zul} = (u_{0\ zul} / n \cdot s^*) \cdot s^* \cdot n$$

höhere Anfahrgeschwindigkeiten zulassen zu können. Aus den Diagrammen ergibt sich, daß für $T_U > T_A$ der Abszissenwert mit höherer Drehzahl abnimmt. Zusammen mit dem höheren Parameterwert ($T_A/T_U = n \cdot T_A$) hat dies eine Verringerung des Ordinatenwerts zur Folge, so daß ein großer Teil der scheinbar möglichen Geschwindigkeitserhöhung aufgezehrt

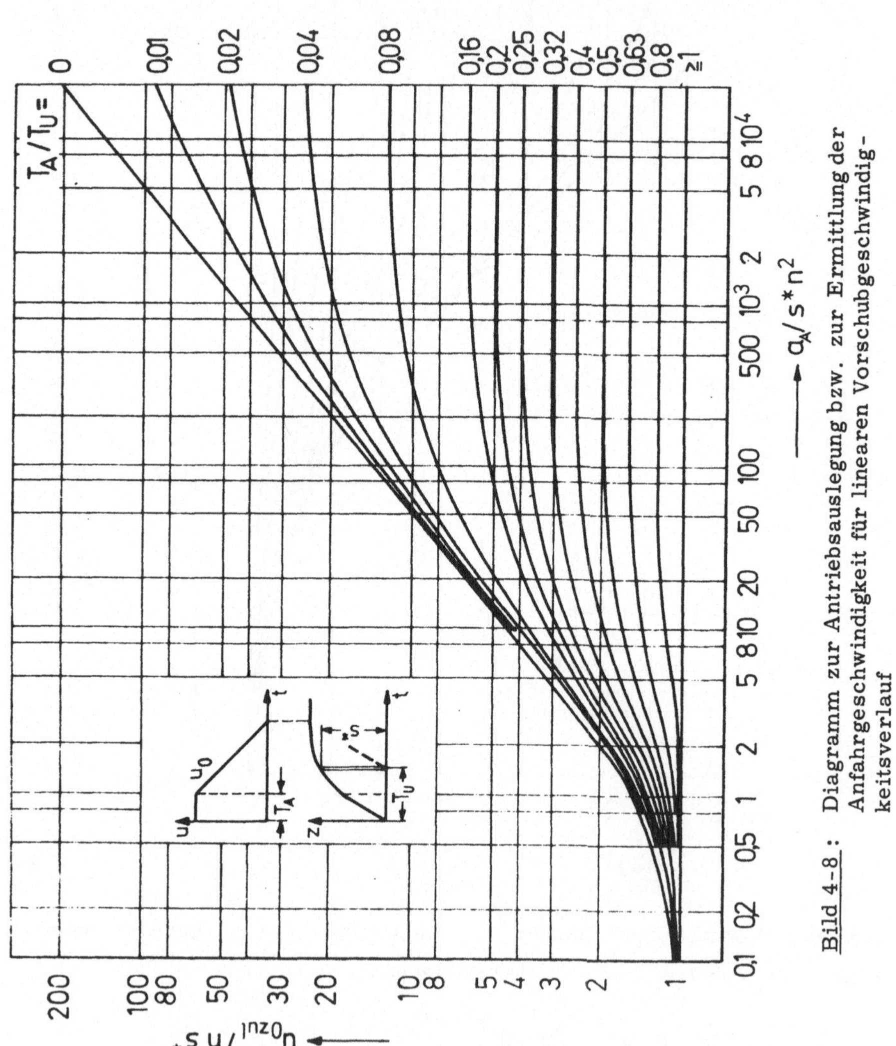

Bild 4-8 : Diagramm zur Antriebsauslegung bzw. zur Ermittlung der Anfahrgeschwindigkeit für linearen Vorschubgeschwindigkeitsverlauf

wird. Proportionalität zwischen Drehzahl und zulässiger Anfahrgeschwindigkeit besteht nur für $T_U \leq T_A$.

4.4 Beispiele ausgeführter Grenzregelungen

In Tabelle 4-II sind einige Beispiele ausgeführter Einrichtungen zur Realisierung der Betriebsarten mit zwei Stellgrößen zusammengestellt, die seit 1969 bekanntgeworden sind. Für die beim betreffenden System konstant gehaltenen Größen (Kenn-, Bearbeitungs- oder Stellgrößen) ist in der Tabelle die abkürzende Bezeichnung "Regelgröße" benutzt.

Einige Systeme können auf verschiedene Betriebsarten umgeschaltet werden ("wahlweise"). Bei anderen Anlagen können Einstellwerte für verschiedene Kenngrößen vorgegeben werden, wobei für die Führung des Zerspanvorgangs diejenige Größe maßgebend ist, an deren Grenze sich der Arbeitspunkt befindet und die den kleinsten Stellgrößenwert liefert. Auch wenn die Regeleinrichtung an einer Begrenzung durch die Stell- oder Bearbeitungsgrößen arbeitet (z.B. max. Vorschub), entspricht dies einem Wechsel der Betriebsart (in der Tabelle nicht verzeichnet).

Bei einigen Anlagen wird zur Anpassung des Stellbereichs die Schnittiefe selbsttätig reduziert, wobei jedoch keine dritte Stellgröße vorliegt (siehe Kapitel 6). In die Tabelle sind auch Systeme aufgenommen worden, bei denen die Regelgröße Schnittkraft durch Vorschubverstellung konstant gehalten wird, während die zweite Stellgröße gemäß einer empirisch ermittelten Funktion so verstellt wird, daß sich konstante Verschleißgeschwindigkeit ergibt.

Der Überblick zeigt, daß bisher die BA 7 und 10 (konstante Vorschubgeschwindigkeit, Regeln von F_s oder M_s durch Drehzahlverstellung) noch nicht verwirklicht worden sind. Ein Grund dafür sind die für Kenngrößenregelungen wenig befriedigenden dynamischen Eigenschaften der verfügbaren stetig verstellbaren Hauptantriebe bzw. der erforderliche hohe Aufwand.

System	Meß-gr.	Grenz-gr.	Regel-gr.	BA Nr.	Bemerkungen	Lit.
Acema (DDR)	F_s, I_m		F_s, n M_s, n	6 9	je nach maßgeb. Einstellgröße; automat. a-Reduzierung	[79]
AEG/Boehringer (BRD)	F_s	P_m	F_s, v	8	v-Reduzierung f. $P_m > P_{grenz}$	[79]
AEG/ISW (BRD)	P_m	F_s, M_s	P_s, v F_s, v M_s, v	13 8 11	je nach maßgeb. Einstellgröße	[74]
AEG/Pittler (BRD)	P_m	F_s	P_s, n (P_s, v)	12 (13)	Drehautomat (r = const)	[72] [73]
Bendix S. 4 AC (USA)	F_s	I_m, ϑ_m	F_s, v	8		[79]
Copamat AC (Ungarn)	F_s	P_m	F_s, n	6	n-Reduzierung f. $P_m > P_{grenz}$	[79]
General Electric (USA)	I_m, (M_m)		v, s P_s, v P_s, s	5 13 14	wahlweise	[79]
Heyligenstaedt (BRD)	I_m, U_m	P_m, M_m M_s	v, u v, s F_s, n F_s, v	4 5 6 8	wahlweise	[79]
Hitachi Seiki (Japan)	P_m		P_m, v P_m, s	13 14	wahlweise	[61]
Okuma (Japan)	F_s		P_s, v	13	automat. a-Reduzierung	[68]
Staveley (GB)	M_s		F_s, n	6	auch v = v(s) realisierbar	[60]
WZL Aachen (BRD)	M_s	P_m	F_s, v	8	automat. a-Reduzierung	[57]
Yamazaki (Japan)	F_s, I_m		F_s, ($\dot{W}$)	–	v = v(s) für konst. Verschleißgeschw.	[63]

Tabelle 4-II

4.5 Zusammenfassung

Die 16 Betriebsarten des Modells mit zwei Stellgrößen für die Drehbearbeitung können durch Einrichtungen verwirklicht werden, die sich nach ihrem Aufbau fünf verschiedenen Typen mit keiner, einer oder zwei aktiven Stellgrößen zuordnen lassen. Der Zweck der beiden BA mit jeweils zwei konstanten Kenngrößen wird auch durch BA mit nur einer zu überwachenden Kenngröße erfüllt. Die einzelnen Typen unterscheiden sich durch den notwendigen Aufwand für die Regelung.

Zur Verwirklichung der einzelnen Betriebsarten müssen eine beliebige der drei Kenngrößen sowie ggf. Drehradius und Spindeldrehzahl gemessen werden. Meß- und Regelgrößen eines Systems sind nicht notwendigerweise identisch. Einige kennzeichnende Eigenschaften großenteils bereits ausgeführter Sensoren zur Erfassung der Primärkenngrößen werden dargestellt.

Erforderlich sind ferner als Stellglieder stetig verstellbare Vorschub- und/oder Hauptantriebe. Die Anforderungen an die Vorschubantriebe im Hinblick auf Nebenzeiteinsparungen beim Anfahren an das Werkstück werden aufgezeigt. Geeignete Vorschubantriebe sind für numerisch gesteuerte Maschinen entwickelt worden, sodaß einige Betriebsarten von der Antriebsseite her einfach realisiert werden können. Dagegen sind ausreichend leistungsfähige stetig verstellbare Hauptantriebe noch nicht verfügbar, so daß, wie eine Zusammenstellung ausgeführter Grenzregelungen zeigt, bislang allenfalls Betriebsarten mit Schnittgeschwindigkeitssteuerung durch Drehzahlverstellung zu verwirklichen sind.

Tabelle 4-II : Beispiele ausgeführter Grenzregelsysteme für die Drehbearbeitung – Betriebsarten mit zwei Stellgrößen

F_S = Schnittkraft; M_S = Drehmoment; I_m = Motorstrom; U_m = Motorspannung
P_m = Motorleistung; ϑ_m = Motortemperatur

5. Vergleich und Bewertung der Betriebsarten

Anhand eines Modells für die Drehbearbeitung sind in Kapitel 3 Möglichkeiten zur Führung des Bearbeitungsvorgangs (Betriebsarten) abgeleitet und ihre kennzeichnenden Eigenschaften beschrieben worden. In Kapitel 4 ist untersucht worden, ob und auf welche Weise die Betriebsarten mit Hilfe von Regeleinrichtungen realisiert werden können. Das Ziel dieses Kapitels ist es, geeignete Eigenschaften als Kriterien für eine Beurteilung auszuwählen, danach die Betriebsarten zu bewerten und zu vergleichen, um so Aussagen über die Eignung einer speziellen Grenzregeleinrichtung (der Verwirklichung einer Betriebsart) für einen bestimmten Bearbeitungsfall oder ein Spektrum von Bearbeitungsaufgaben zu ermöglichen.

Aus der Literatur sind vergleichende Untersuchungen verschiedener Adaptive-Control-Systeme nur in Ansätzen bekannt. Kline[37]berechnet den Unterschied der Stückkosten bei der Bearbeitung mit und ohne AC-Einrichtung, wobei höheren Maschinen-Zeit-Sätzen der AC-Systeme eine - abhängig von der Auslegung der AC und der Komplexität des Werkstücks - geringere, allerdings nur pauschal geschätzte Bearbeitungszeit gegenübersteht. Ähnlich ermitteln Löfquist und Colding [39] die Stückkosten für geschätzte "Automatisierungsgrade" der Fertigungseinrichtung und geben einige nicht näher belegte Prozentsätze für Schnittzeitverringerung und Produktivitätserhöhung bei AC-Systemen verschiedener Zielsetzung an. Pritschow [69] bestimmt wirtschaftlich vertretbare Investitionskosten für ACC-Zusatzeinrichtungen aufgrund geschätzter Unterschiede der Bearbeitungszeit mit und ohne AC-System, führt aber keinen Vergleich verschiedener Systeme durch. Szafarczyk [47] weist auf die Notwendigkeit standardisierter Vergleichsuntersuchungen hin und untersucht die Auswirkung von Schnittiefenänderungen auf die Werkzeugstandzeit beim Drehen mit konstanter Schnittgeschwindigkeit oder mit konstanter Schnittemperatur. Kondaschewski und Fedotow [38] bewerten unterschiedlich aufgebaute geometrische AC-Systeme anhand der theoretisch erreichbaren Bearbeitungsgenauigkeit. Beschreibungen ausgeführter Anlagen [45] begnügen sich meist mit Vergleichen der Bearbeitungszeit für ausgewählte Werkstücke mit und ohne AC-Einrichtung, wobei die tatsächliche Vergleichbarkeit der Ergebnisse nicht immer gegeben ist.

5.1 Vergleich der Betriebsarten aufgrund der Veränderlichkeit der Kenn- und Bearbeitungsgrößen (hierzu Anhang A 8)

Eine Regeleinrichtung hat die Aufgabe, trotz des Einwirkens von Störgrößen die Regelgröße an die Führungsgröße anzugleichen. Im Fall der Grenzregeleinrichtungen heißt dies, daß ein möglichst konstanter Ablauf des Bearbeitungsvorgangs und damit möglichst geringe Änderungen zunächst der Primärkenngrößen, in zweiter Linie auch der Bearbeitungsgrößen angestrebt werden. Wenig veränderliche Primärkenngrößen (Schnittkraft, Drehmoment, Schnittleistung) bedeuten gleichmäßige Belastung von Maschine und Werkzeug. Geringe Vorschubvariationen bewirken eine gleichförmige Oberflächengeometrie, konstante Schnittgeschwindigkeit führt zu konstanten Spanbildungsverhältnissen und zu annähernd konstanter Verschleißgeschwindigkeit. Der Betrag der Veränderlichkeit dieser Größen bei variablen äußeren Gegebenheiten ist daher ein Maß für die Erfüllung der Regelungsaufgabe und kann als Kriterium für die Beurteilung der Betriebsarten dienen. Da hier Prinzipien der Führung des Bearbeitungsvorgangs, keine Ausführungsformen, verglichen werden sollen, genügt die Betrachtung stationärer Verhältnisse.

Tabelle 3-II gibt die Abhängigkeit der betrachteten Größen von den Parametern k_s, a und r an. Für spezielle Anforderungen läßt sich daraus eine geeignete BA entnehmen. Für einen allgemeinen Vergleich der BA hinsichtlich der Kenn- und Bearbeitungsgrößen werden Änderungsverhältnisse der Parameterwerte angenommen (z.B. Änderungen von a und r je im Verhältnis 1:10, von k_s 1:2). Eine mit dem Einflußfaktor $k_s \cdot a \cdot r$ (Tabelle 3-II) behaftete Größe ändert sich dann bei gleichzeitiger und gleichsinniger Änderung aller Parameter im Verhältnis z.B. 1:200. Addiert man diese Zahlenwerte für die Bearbeitungs- und die Kenngrößen, wobei die Veränderlichkeit der Kenngrößen der größeren Bedeutung wegen noch mit einem Gewichtungsfaktor(z.B. 5) multipliziert werden kann, so erhält man Variabilitätskennziffern für die einzelnen BA.

Günstig im Hinblick auf dieses Kriterium sind BA mit möglichst kleiner Variabilitätskennziffer. Ordnet man die BA nach dieser Ziffer, ergibt sich eine Rangfolge, die sich auch bei Annahme anderer Änderungsverhältnisse und Wahl anderer Gewichtungsfaktoren nicht wesentlich verschiebt. Die BA 4, 10, 1...3 und 7 mit konstanter Vorschubgeschwindigkeit erweisen sich als ungünstig. Günstiger sind die BA 5 und 14 mit konstantem Vorschub. Die geringste Variabilität weisen die BA 8,13 und 15 sowie 6 auf, etwas höher ist sie bei den BA 9,12, 16 und 11 (Anh. A 8).

Wird möglichst geringe Variabilität der Kenn- und Bearbeitungsgrößen bei Änderung der äußeren Gegebenheiten angestrebt, so sind vorzugsweise eine Schnittkraft- (8) oder Schnittleistungsregelung (13) mit konstanter Schnittgeschwindigkeit oder auch eine Schnittkraftregelung mit konstanter Drehzahl (6) einzusetzen (Bild 5-1). Ungünstig sind alle Betriebsarten mit konstanter Vorschubgeschwindigkeit (in Bild 5-1 gestrichelt).

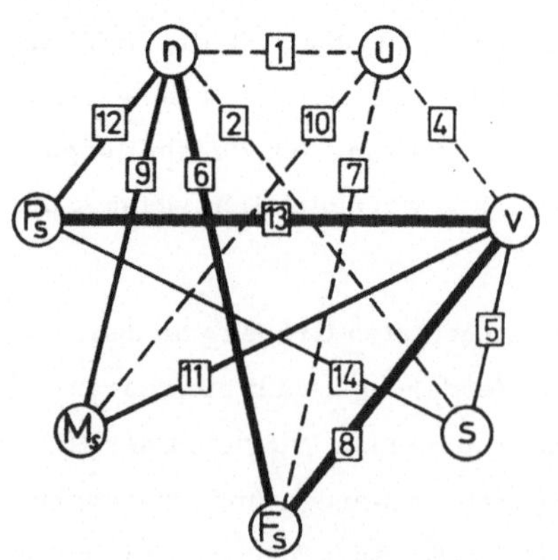

Bild 5-1: Bewertung der Betriebsarten nach der Variabilität der Kenn- und Bearbeitungsgrößen. Große Strichdicke ≙ geringe Variabilität (günstige BA). (Die nach Abschnitt 4.1.1 entbehrlichen BA 3, 15, 16 sind weggelassen).

5.2 Auswahl geeigneter Betriebsarten aufgrund fertigungstechnischer Eigenschaften

Die in Abschnitt 3.3.2 definierten fertigungstechnischen Eigenschaften der Betriebsarten (Bearbeitungsqualität, repräsentiert durch Vorschub; Spanungsverhältnis; Spanungsstrom; Werkzeugverschleißgeschwindigkeit) hängen stark von den Werten der Einstellgrößen ab. Daher kann für einen Vergleich wiederum nur die Art der Abhängigkeit dieser Kriterien von den Bearbeitungsparametern a, r und k_s herangezogen werden, wie sie in Tabelle 3-II und 3-III angegeben sind.

Wird für gleichmäßige Oberflächenbeschaffenheit ein konstanter Vorschub gewünscht, so kommen nur die BA 1...3, 5 oder 14, bei konstantem Drehradius auch 4 in Betracht. Bei allen anderen BA hängt s von k_s und a, bei den BA 9...12 und 16 außerdem noch von r ab. Weitere Differenzierungen sind nicht möglich.

Das Spanungsverhältnis hängt bei allen BA linear oder quadratisch von a, dazu bei allen Grenzregelbetriebsarten (6...16) außer BA 14 von k_s und bei einigen von r ab. Eine weitergehende Analyse und Bewertung erscheint wegen der ohnehin geringen Aussagefähigkeit dieses Verhältnisses hinsichtlich der Spanbildung nicht sinnvoll.

Der ideale Spanungsstrom Q_0 ist bei allen BA mit konstanter Schnittleistung (8, 9, 12...16) nur von den relativ geringen Änderungen von k_s, nicht aber von r oder a abhängig. Die größte Variabilität tritt wieder bei den BA mit konstanter Vorschubgeschwindigkeit (1...4, 7, 10) auf. Fordert man möglichst wenig veränderlichen Spanungsstrom trotz variabler Gegebenheiten k_s, a und r, so ist eine BA der erstgenannten Gruppe, eventuell auch BA 5, 6 oder 11 zu wählen.

Konstante Werkzeugverschleißgeschwindigkeit $\dot{W}$ nach der in 3.3.2.5 zugrunde gelegten Standzeitfunktion läßt sich nur bei BA 5 erreichen. Für Bearbeitungsaufgaben mit großen Drehradiusänderungen im Schnitt sind im Hinblick auf gleichförmigen Verschleißverlauf außerdem auch die BA 8 oder 13...15 vorteilhaft, da hier $\dot{W}$ nur von k_s und a beeinflußt wird (Tabelle 3-III). Die Veränderlichkeit der Verschleißgeschwindigkeit mit variablem a und k_s ist bei allen Grenzregelbetriebsarten ungefähr gleich (Ausnahme: starke Veränderlichkeit bei BA 14) .

5.3 Vergleich der Betriebsarten anhand der Schnittzeit für bestimmte Bearbeitungsfälle

Hauptziel beim Einsatz einer Grenzregelung ist die Senkung von Bearbeitungszeit oder -kosten durch Verringern der Hauptzeit. Daher stellt der mögliche Zeitgewinn gegenüber der konventionellen Bearbeitung ein brauchbares Beurteilungskriterium dar. Dieser Zeitgewinn ergibt sich einmal dadurch, daß unabhängig von der Programmierung oder der Einstellung der Stell- oder Bearbeitungsgrößen auch bei veränderlichen äußeren Gegebenheiten stets ein Höchstwert einer maßgebenden Belastungsgröße von Maschine, Werkzeug oder Werkstück eingehalten und damit die kürzestmögliche Schnittzeit erreicht wird, zum anderen beruht die Schnittzeitsenkung darauf, daß wegen der erwähnten Sicherungsfunktion einer Grenzregeleinrichtung (Abschnitt 4.3.2) von vornherein höhere Belastungen zugelassen werden. Dieser zweite Effekt ist schwer in konkreten Werten zu erfassen; da er sich bei allen Grenzregelbetriebsarten gleichartig auswirkt, braucht er hier nicht berücksichtigt zu werden.

Der absolute Zeitgewinn hängt stark vom Werkstück (Größe, Form, Veränderlichkeit von Parametern) ab. Durch die Wahl einfacher Standard-Bearbeitungsfälle und die Betrachtung nur eines Schnittes kann der Aufwand zur Gewinnung von Vergleichsaussagen über die verschiedenen Betriebsarten begrenzt werden. Für den Vergleich wird die Schnittzeit mit Grenzregeleinrichtung auf die Schnittzeit bei der Bearbeitung des gleichen Werkstücks und auf der gleichen Maschine ohne solche Einrichtung (konstante Stellgrößen u und n) bezogen.

5.3.1 Schnittzeitvergleiche beim Längsdrehen

5.3.1.1 Bearbeitungselemente

Als Bearbeitungsbeispiele werden vereinfachte Bearbeitungselemente gewählt, bei denen Drehradius r und Schnittiefe a lineare Funktionen der Drehlänge bzw. des Werkzeugwegs z darstellen (Bild 5-2). Die spezifische Schnittkraft wird hier als unveränderlich angenommen. Zu fertigen sei ein zylindrisches oder konisches Werkstück aus einem zylindrischen oder konischen Rohteil. Anfangs- und Endschnittiefe seien a_0 und a_1, Anfangs- und Endradius r_0 und r_1, die Drehlänge z_1. Wird definiert, daß beim Endpunkt z_1 der maximale Drehradius r_1 oder (bei konstantem Radius) die maximale Schnittiefe a_1 auftreten, so werden bei Eindeutigkeit der Bezeichnungen auch die spiegelbildlichen Fälle erfaßt.

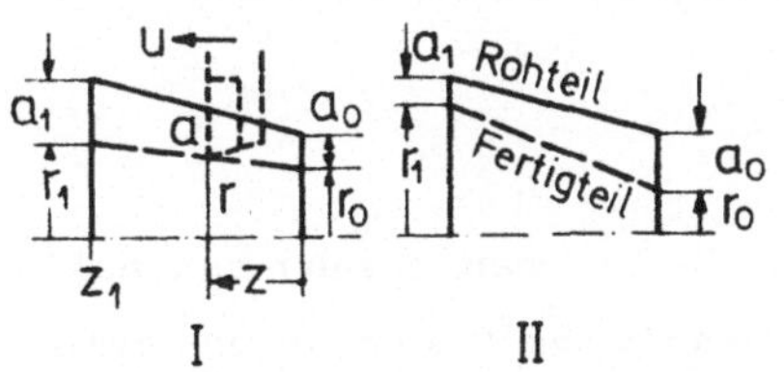

Bild 5-2: Bearbeitungselemente zum Längsdrehen

Bei Bearbeitungselement I verlaufen a und r über der Drehlänge bzw. Drehzeit gleichsinnig, bei II gegensinnig. Die in Bild 5-3 aufgeführten Sonderfälle können auf die allgemeinen Fälle I und II zurückgeführt werden.

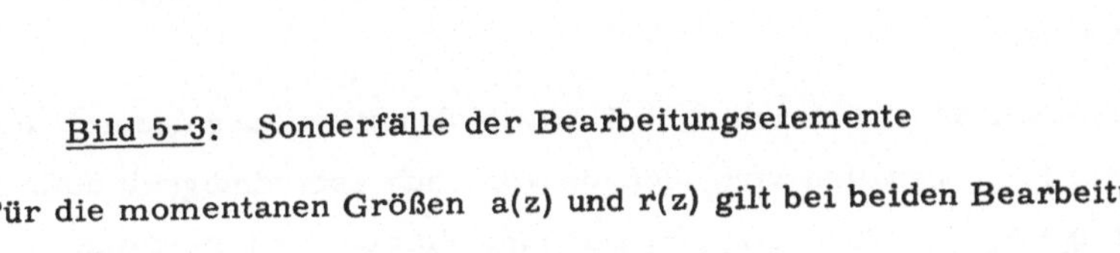

Bild 5-3: Sonderfälle der Bearbeitungselemente

Für die momentanen Größen a(z) und r(z) gilt bei beiden Bearbeitungselementen:

$$a = a_0 + (a_1 - a_0)\,(z / z_1) \qquad (5.1)$$

$$r = r_0 + (r_1 - r_0)\,(z / z_1) \qquad (5.2)$$

5.3.1.2 Schnittzeit

Die Schnittzeit beim Längsdrehen ist nach Abschnitt 3.3.2.2 :

$$t_s = \int_0^{z_1} dz \,/\, u(z) \qquad (5.3)$$

wobei die Funktion u(z) für jede BA durch Einsetzen von Gl. 5.1 und 5.2 in die betriebsartspezifische Beziehung u = u(a, r, Konstanten) zu ermitteln ist. Aus Gl. 5.3 erhält man die Schnittzeit als Funktion

$$t_s = t_s(z_1, a_0, a_1, r_0, r_1, \text{Konstanten}),$$

sofern nicht die Vorschubgeschwindigkeit konstant und damit $t_s = z_1 / u$ ist.

5.3.1.3 Vergleichsbedingung

Die so bestimmten Schnittzeiten für die Bearbeitungselemente bei den BA mit veränderlicher Vorschubgeschwindigkeit sind nun zu vergleichen mit der Schnittzeit für die konventionelle Bearbeitung mit der Vorschubgeschwindigkeit u_k. Die Vergleichsvorschubgeschwindigkeit ist dabei so anzusetzen, daß ein korrekter Vergleich möglich ist. Das Vergleichsprinzip geht aus folgender Überlegung hervor:

Die nichtkonventionellen BA mit variablem u sind dadurch gekennzeichnet, daß mindestens eine Kenngröße (F_s, M_s oder P_s) trotz veränderlicher Gegebenheiten konstant gehalten wird (Ausnahme: BA 5 mit v = const). Vergleichbar sind beide Bearbeitungsmethoden dann, wenn die Einstellwerte der zugehörigen Vergleichsbearbeitung (n_k, u_k) so groß gewählt werden, daß die der BA entsprechende Kenngröße im Extremfall (z.B. bei maximaler Schnittiefe) gerade erreicht, aber nicht überschritten wird.

Als Beispiel sei BA 12 betrachtet, bei der die Schnittleistung dadurch auf einem Wert $P_{s\,gr}$ gehalten wird, daß die Vorschubgeschwindigkeit stets den Wert $u = P_{s\,gr} / 2\pi k_s \cdot a(z) \cdot r(z)$ annimmt. Daraus resultiert eine Schnittzeit

$$t_s = \frac{\pi \cdot k_s \cdot z_1}{3 \cdot P_{s\,gr}} (2a_0 r_0 + a_0 r_1 + a_1 r_0 + 2a_1 r_1)$$

für die Bearbeitungselemente I und II. Der Vergleichsvorgang bei der konventionellen Bearbeitung muß dann mit einer festen Vorschubgeschwindigkeit $u_k = P_{s\,gr} / 2\pi \cdot k_s \cdot (a\,r)_{max}$ ablaufen, so daß an der Stelle des

Werkstücks, wo das Produkt ($a \cdot r$) maximal wird, diese Grenzleistung gerade erreicht, aber nirgends überschritten wird.

Die Bearbeitungselemente (BE) I und II unterscheiden sich dadurch, daß bei BE I diese kritischen Punkte (z.B. $(a\,r)_{max}$) stets am Werkstückende ($z = z_1$) liegen, während bei BE II das Maximum innerhalb der Werkstücklänge auftreten kann (Anhang A 9). Die Vergleichs-Schnittzeit für die konventionelle Bearbeitung ergibt sich zu $t_{s,k} = z_1 / u_k$.

5.3.1.4 Vergleich und Auswertung (hierzu Anhang A 9)

Bild 5-4 gibt einen Überblick über den Rechengang zur Bestimmung der Schnittzeiten t_s und $t_{s,k}$ für verschiedene Betriebsarten und Bearbeitungselemente.

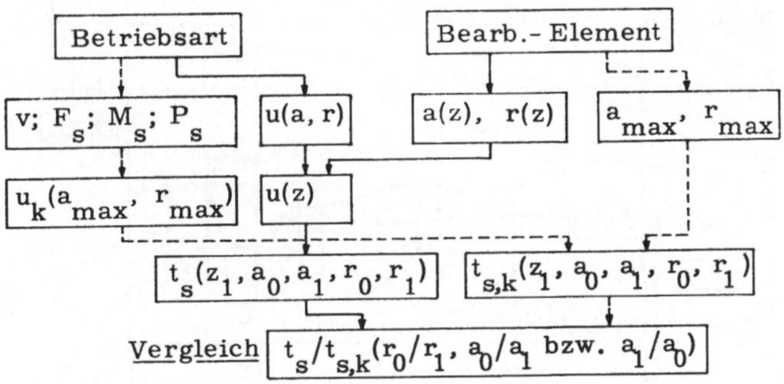

Bild 5-4: Rechengang für den Schnittzeitvergleich

Bewertungskriterium hinsichtlich der Schnittzeitersparnis ist das Verhältnis $t_s/t_{s,k}$. Je kleiner sein Zahlenwert ist, desto größer sind die Hauptzeitersparnisse der betrachteten Betriebsart gegenüber der konventionellen Bearbeitung. Der Wert $t_s/t_{s,k}$ hängt stark von der Werkstückgeometrie ab. Mit Hilfe der bezogenen Größen r_0/r_1 und a_0/a_1 bzw. a_1/a_0 können die Ergebnisse der Berechnungen (Anhang A 9) allgemeingültig in den Diagrammen Bild 5-5 und 5-6 dargestellt werden.

Für die Bearbeitungselemente des Typs I gilt generell, daß Grenzregeleinrichtungen im Hinblick auf eine Verkürzung der Schnittzeit um so wirkungsvoller sind, je stärker sich r und a während des Schnitts ändern.

Bei BA 5 ist der Zeitgewinn von der Schnittiefenänderung, bei BA 6 von der Änderung des Drehradius unabhängig. Die BA 8, 9 und 12...16 verhalten sich hinsichtlich der Schnittzeitersparnis gegenüber der konventionellen Bearbeitung gleichartig; die insgesamt günstigsten Ergebnisse zeigt BA 11.

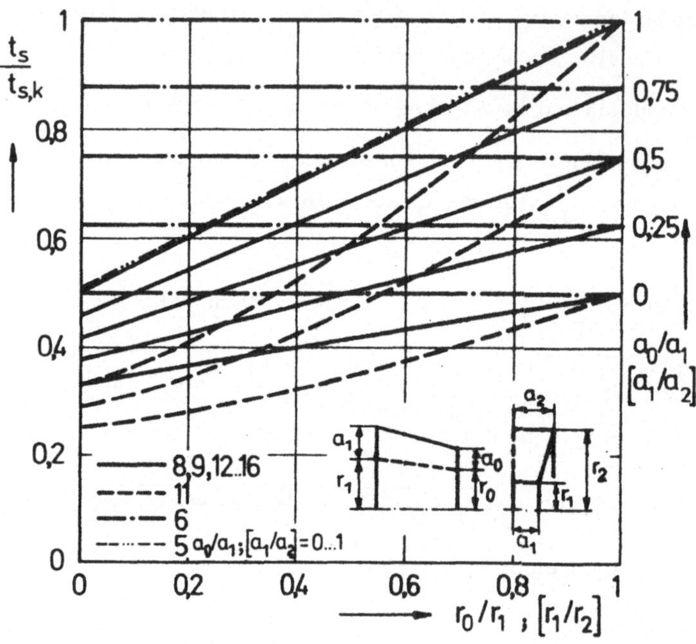

Bild 5-5 : Schnittzeitverhältnis in Abhängigkeit von der Werkstückgeometrie für Bearbeitungselemente I mit gleichsinniger Änderung von a und r

Bei gegensinniger Änderung von a und r (Bearbeitungselement Typ II) zeigen sich für die BA 5 und 6 keine Unterschiede zum ersten Fall. Die Aussage " größte Schnittzeitersparnis für größte Unterschiede in Schnittiefe und Drehradius " gilt jedoch nicht uneingeschränkt; für die BA 9 und 12...16 erhält man ein Minimum an Schnittzeitersparnis bei mittleren Werten von r_0/r_1. Die größten Schnittzeitverringerungen ergeben sich bei BA 8.

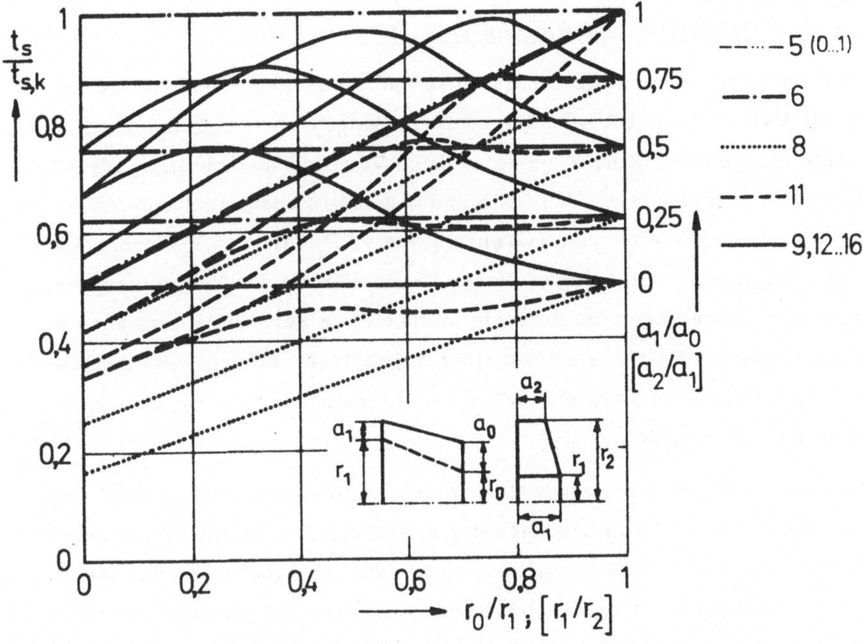

Bild 5-6 : Schnittzeitverhältnis in Abhängigkeit von der Werkstückgeometrie für Bearbeitungselemente II mit gegensinniger Änderung von a und r

5.3.2 Schnittzeitvergleich beim Plandrehen

In ähnlicher Weise wie für das Längsdrehen können auch bei den Plandrehoperationen Schnittzeitvergleiche angestellt werden. Die Grundbearbeitungselemente mit gleich- und gegensinniger Änderung von a und r und die davon abzuleitenden Fälle zeigt Bild 5-7. Die Berechnung der Schnittzeitverhältnisse ergibt, daß bei geeigneter Wahl der Veränderlichen die gleichen Abhängigkeiten vorliegen; die Diagramme 5-5 und 5-6 gelten daher auch für das Plandrehen.

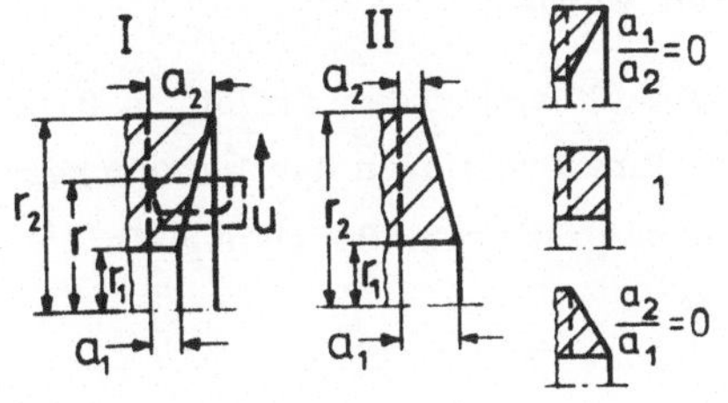

Bild 5-7 : Bearbeitungselemente zum Plandrehen

5.3.3 Einschränkungen für das Vergleichsverfahren

Jede Betriebsart wird mit einer für sie gültigen Vergleichsbearbeitung verglichen; für jede BA sind gemäß ihrer Aufgabenstellung andere Gesichtspunkte maßgebend. Eine allgemeingültige Vergleichsbearbeitung für alle BA würde voraussetzen, daß feste und bekannte Zusammenhänge zwischen den erlaubten Höchstwerten (Grenzen) von v, F_s, M_s und P_s vorhanden sind . Willkürliche Annahmen dieser Werte würden das Vergleichsprinzip verletzen. Daher kann die benutzte Methode nur Vergleiche zwischen einer bestimmten Betriebsart und einer zugehörigen konventionellen Bearbeitung liefern, ein Vergleich aller BA untereinander ist nur mit Einschränkungen möglich.

Hinzu kommt, daß nur ausgewählte standardisierte Bearbeitungsfälle betrachtet werden, daß Änderungen der spezifischen Schnittkraft unberücksichtigt bleiben und daß die Berechnungen nur im Arbeitsbereich der Grenzregelung gelten, nicht aber dann, wenn der Arbeitspunkt auf einer der Grenzen des Stellbereichs liegt. Diese Einschränkungen sind notwendig, um überhaupt Aussagen über mögliche Schnittzeitersparnisse beim Einsatz von Grenzregelungen machen zu können.

Das dargestellte Vergleichsprinzip der gleichen Maximalwerte kritischer Größen erlaubt korrekte Angaben über Bearbeitungszeitgewinne und sollte daher auch bei den üblichen Darstellungen der Vorteile von Grenzregeleinrichtungen berücksichtigt werden.

5.4 Vergleich der Betriebsarten anhand der Erfordernisse zu ihrer Realisierung

In Kapitel 4 waren die Möglichkeiten zur Realisierung der Betriebsarten unter verschiedenen Aspekten betrachtet worden. Daraus können ebenfalls einige Beurteilungskriterien abgeleitet werden.

Die Untersuchung des Aufbaus der AC-Einrichtungen ergibt, daß die BA 15 und 16 entbehrlich sind, da ihre Funktionen durch einfachere BA erfüllt werden können. BA 3 ist ohne praktische Bedeutung. Im folgenden bleiben diese BA unberücksichtigt.

Unter dem Gesichtspunkt des Aufwands zur Realisierung sind die BA 8, 11 und 13, da sie zwei Regelkreise bzw. Steuerungseinrichtungen erfordern, am ungünstigsten. Für die BA 4, 6, 7, 9, 10 und 12 ist nur eine solche Einrichtung erforderlich; die BA 5 und 14 benötigen zusätzlich eine Einrichtung zum Verstellen von u proportional zu n.

Hinsichtlich der zu kompensierenden Änderungen der Streckenverstärkung sind die Unterschiede zwischen den Grenzregelbetriebsarten gering; alle BA unterliegen den Einflüssen wechselnder Schnittiefe und sich ändernder spezifischer Schnittkraft. Bei den BA 8, 9, 10, 12, 13 und 14 hängt die Verstärkung zusätzlich vom Drehradius r, bei 11 von r^2 ab.

Die Meßgrößen am Bearbeitungsprozeß und die Regelgrößen der Grenzregeleinrichtung brauchen nicht identisch zu sein. Daher stellt die Erfaßbarkeit der Regelgröße kein Kriterium für die Beurteilung der Regelstrategie dar. Die Eigenschaften der Meßeinrichtungen und der Aufwand hierfür und für eine eventuell notwendige Umrechnung der Meß- in die Regelgröße sind daher nicht für die Wahl der Betriebsart, sondern nur für die Ausführung der Regelung von Bedeutung.

Auch die Auswahl einer bestimmten Kenngröße als Regelgröße im Hinblick auf ihre Aussagefähigkeit für den Zustand des Bearbeitungsvorgangs und speziell für den Belastungszustand von Maschine, Werkzeug und Werkstück reicht zur Beurteilung eines Grenzregelsystems nicht aus. Zwar ist die zulässige und z.B. als Sollwert einer Schnittkraftregelung einzustellende Schnittkraft vorwiegend von der Belastbarkeit des Werkzeugs, daneben über die Steifigkeit des Systems Maschine-Werkzeug-Werkstück von den zulässigen elastischen Verlagerungen bestimmt, während das Drehmoment von Antrieb, Getriebe und Werkstückspanneinrichtung her, die Schnittleistung hauptsächlich vom Antriebsmotor und evtl. vom Getriebe her begrenzt ist. Diesen Gegebenheiten kann jedoch durch Überwachen der kritischen Größen als Grenzgrößen Rechnung getragen werden, die dann den Verstellbereich der Stellgrößen einschränken.

Nur die BA 6, 9 und 12 kommen mit der Stellgröße Vorschubgeschwindigkeit aus und sind daher mit relativ geringem Aufwand hinreichend gut realisierbar. Höher ist der Aufwand für die BA 4, die die stetige Verstellbarkeit der Drehzahl für konstante Schnittgeschwindigkeit voraussetzt, während bei den BA 7 und 10 n zum Einhalten einer konstanten Kenngröße verstellt werden muß. Den höchsten Aufwand erfordern die BA 5, 8, 11, 13 und 14 mit den beiden Stellgrößen u und n.

5.5 Zusammenfassung

Kriterien zur Beurteilung und bewertende Vergleiche verschiedenartiger Grenzregelsysteme sind aus der Literatur nur in unvollständigen Ansätzen bekannt. Daher wird hier versucht, solche Bewertungsgesichtspunkte zusammenzustellen und die gewonnenen Kriterien auf die behandelten Betriebsarten anzuwenden. Da die Untersuchung in einem möglichst weiten Bereich gültig sein soll, müssen die Systeme unter verschiedenen Aspekten betrachtet werden, für spezielle Anwendungsfälle kann dann ein bestimmtes Kriterium herausgegriffen werden.

Als Beurteilungskriterien werden vorgeschlagen:

die Erfüllung der fertigungstechnischen Aufgabe: Abhängigkeit einzelner fertigungstechnischer Kenngrößen von den Parametern;

die Erfüllung der regelungstechnischen Aufgabe (Ablauf des Bearbeitungsvorgangs unter möglichst konstanten Verhältnissen) : Variabilität wichtiger Systemgrößen;

die Schnittzeit als wesentliche Einflußgröße auf Fertigungszeit und -kosten : Schnittzeitgewinn gegenüber der konventionellen Bearbeitung unter Beachtung notwendiger Vergleichsbedingungen;

der Aufwand für die Realisierung der Betriebsarten : Aussagen anhand des Aufbaus der Regelung und der notwendigen Stellglieder (die Wahl der Regelgrößen oder ihre Erfaßbarkeit liefern kein Kriterium).

Die Ergebnisse der Beurteilung sind vereinfacht in Tabelle 5-I zusammengestellt. Für eine allgemeine, nicht auf eine spezielle Bearbeitungsaufgabe ausgerichtete Bewertung sind die Gesichtspunkte Schnittzeitersparnis,

Möglichkeit und Aufwand der Realisierung, Variabilität der Kenn- und Bearbeitungsgrößen in dieser Rangfolge maßgebend. Nach diesem Kriterium erweist sich von den Grenzregelbetriebsarten BA 8 (Schnittkraftregelung mit konstanter Schnittgeschwindigkeit) besonders günstig. Nur wenig schlechter sind die BA 6, 9 und 12 (F_s-, M_s- oder P_s-Regelung mit konstanter Drehzahl) zu bewerten, während die BA 7 und 10 mit konstanter Vorschubgeschwindigkeit sehr ungünstig sind.

BA / Kriterium	1	2	4	5	6	7	8	9	10	11	12	13	14
	n u	n s	u v	v s	n F_s	u F_s	v F_s	n M_s	u M_s	v M_s	n P_s	v P_s	s P_s
Variabilität	−	−	−	−	+	−	+	○	−	○	○	+	−
s = const	+	+	○	+	○	○	○	−	−	−	−	○	+
Q = const	−	−	−	○	○	−	+	+	−	○	+	+	+
$\dot{W}$= const (Δr)	−	−	○	+	−	−	+	−	−	○	−	+	+
$\dot{W}$= const (Δa)	+	+	+	+	○	−	○	○	−	○	○	○	−
t_s/t_k BE I	−	−	−	○	○	−	+	+	−	+	+	+	+
t_s/t_k BE II	−	−	−	○	○	−	+	○	−	+	○	○	○
Regelkreise	+	+	○	−	○	○	−	○	○	−	○	−	−
Verstärk. änd.					○	○	−	−	−	−	−	−	−
Stellglieder	+	+	−	−	○	−	−	○	−	−	○	−	−

Tabelle 5-I : Zusammenfassende Bewertung der Betriebsarten

+ = günstig ○ = mittel − = ungünstig

BE = Bearbeitungselement

6. Weitere Möglichkeiten zur Führung des Bearbeitungsvorgangs anhand eines erweiterten Modells

In Kapitel 3 war der Bearbeitungsvorgang unter der Voraussetzung betrachtet worden, daß zu seiner Führung zwei Stellgrößen (n und u) zur Verfügung stehen, die zum Einhalten konstanter Bearbeitungsgrößen (v und s) bzw. Primärkenngrößen (F_s, M_s, P_s) verstellt werden. Drehradius r und Schnittiefe a waren als nicht beeinflußbare äußere Gegebenheiten behandelt worden. In diesem Kapitel wird nun dargestellt, welche Möglichkeiten zur Führung des Drehvorgangs sich ergeben, wenn das zugrunde gelegte einfache Modell erweitert wird einerseits um eine dritte Stellgröße, andererseits um die vorne definierten Sekundärkenngrößen des Zerspanprozesses.

6.1 Möglichkeiten zur Führung des Drehvorgangs mit drei Stellgrößen

Liegen Bearbeitungsfälle vor, bei denen der Drehradius r nicht zwingend vom Werkstückprogramm her vorgegeben ist – also z.B. Vorbearbeitungsgänge, bei denen das Aufmaß ohnehin in mehreren Schnitten zerspant werden muß –, so sind die Werkzeugbahnen frei nach technologischen Gesichtspunkten einstellbar. Damit bietet sich die Möglichkeit, die Werkzeugzustellung als dritte Stellgröße zu wählen. Dieser Abschnitt befaßt sich – analog zu Kapitel 3 – mit den Methoden zur Führung des Zerspanprozesses mit Hilfe dieser dritten Stellgröße, wobei nicht vorausgesetzt wird, daß bei sämtlichen Betriebsarten alle drei Größen gleichzeitig als aktive Stellgrößen wirken.

6.1.1 Erweitertes Modell mit drei Stellgrößen

Das in Bild 3-3 dargestellte einfache Modell wird ergänzt durch einen Block "Bearbeitungsgeometrie" mit der Eingangsgröße Werkzeugzustellung x (Bild 6-1). Mit dem Rohteilradius R, der Auskraglänge l_W des Werkzeugs und der Plankoordinate x des Werkzeugschlittens gelten nach Bild 6-2 beim Längsdrehen die Beziehungen für den momentanen Drehradius

$$r = x - l_W \tag{6.1}$$

und die Schnittiefe $a = R - r$ (6.2)

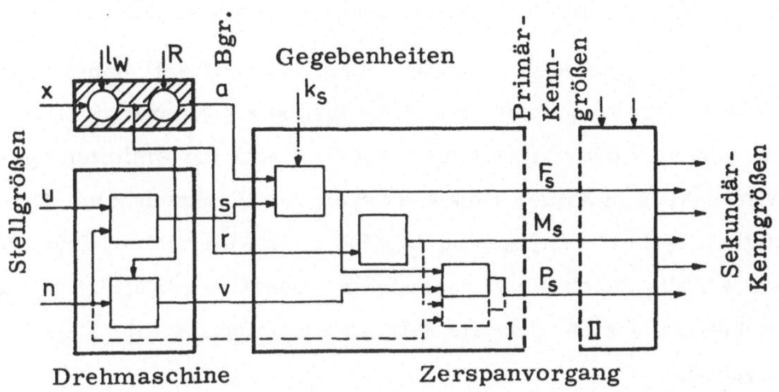

Bild 6-1: Erweitertes Modell mit drei Stellgrößen für den Drehvorgang

Der Rohteilradius R stellt wie das Maß l_W für den Zerspanvorgang eine unbeeinflußbare äußere Gegebenheit dar. Zusammen mit der dritten Stellgröße x ergeben sich nach den Gl. 6.1 und 6.2 die Größen a und r, die im Modell Eingangsgrößen für den Block Zerspanvorgang darstellen und deshalb hier als weitere Bearbeitungsgrößen aufgefaßt werden. Aus den vier Bearbeitungsgrößen erhält man mit der äußeren Gegebenheit k_s die drei Primärkenngrößen F_s, M_s und P_s. Das erweiterte Modell wird durch die Gl. 6.1, 6.2 sowie 3.1, 3.2 und 3.5...3.8 beschrieben.

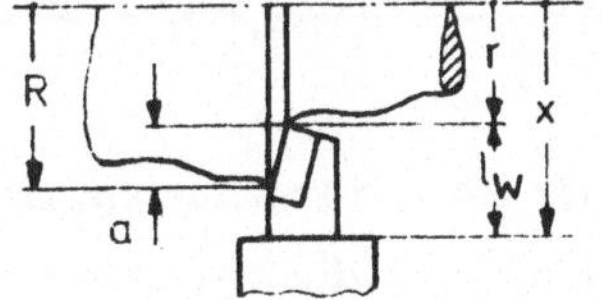

Bild 6-2:

Werkzeugzustellung, Drehradius und Schnittiefe

6.1.2 Systematik der Betriebsarten mit drei Stellgrößen

Unter Betriebsarten werden hier wieder Methoden zur Führung des Drehvorgangs verstanden, bei denen eine bestimmte Kombination der Modellgrößen n, u, x, v, s, a, r, F_s, M_s, P_s konstant ist. Da die drei Stellgrößen des Modells stets eindeutig bestimmt sein müssen, ist jede BA durch die Forderung nach drei konstanten Größen gekennzeichnet.

Die Auskraglänge l_W ist während eines Schnittes konstant, daher sind nach Gl. 6.1 Bearbeitungsgröße r und Stellgröße x gleichrangig. Die Forderung "x = const." oder "r = const." widerspricht der einleitend genannten Voraussetzung freier Einstellbarkeit der Werkzeugbahn. Der Vollständigkeit halber sei trotzdem angeführt, daß die 16 möglichen BA des ersten Modells durch die Forderung "r = const." erweitert werden können, wobei sich (siehe Tabelle 3-II mit Parameter r = 1) vier Varianten ergeben.

Die Forderung "a = const." bedeutet nach Gl. 6.2, daß die Werkzeugbahn äquidistant zur Rohteilkontur verläuft. Formal möglich sind wiederum nur die 16 BA des ersten Modells mit der Ergänzung "a = const." wobei der momentane Drehradius statt direkt als äußere Gegebenheit nun mittelbar nach $r = R - a$ (Gl. 6.2) gegeben ist.

Von den insgesamt $\binom{7}{3} = 35$ vorhandenen Kombinationen von Forderungen nach Konstanz von je 3 der 7 Modellgrößen n, u, v, s, F_s, M_s, P_s stellen 31 formal mögliche BA dar; davon bedingen 12 konstanten Drehradius. Die Betriebsarten sind in Tabelle 6-I zusammengestellt.

6.1.3 Einige Eigenschaften der Betriebsarten

Die Art der Abhängigkeit der Modellgrößen von den Parametern R und k_s bei den formal möglichen Betriebsarten kann analog dem ersten Modell ermittelt werden.

Der Tabelle 3-II sind die Eigenschaften der BA mit konstantem Drehradius (konstanter Zustellung) zu entnehmen, wenn die Variable r = 1 gesetzt und a als $(R - r)$ interpretiert wird; ebenso erhält man die fertigungstechnischen Eigenschaften aus den Tabellen 3-III und 3-IV.

Für die BA mit konstanter Schnittiefe können gleichfalls die Tabellen 3-II ... 3-IV herangezogen werden, wobei a = 1 zu setzen und für r die Differenz (R - a) zu lesen ist.

Die Eigenschaften der 31 BA, bei denen weder a noch r als Konstante vorausgesetzt sind, sind in Tabelle 6-I zusammengestellt. Aufgrund ähnlicher Eigenschaften können die BA zu neun Gruppen zusammengefaßt werden.

Gruppe	n	u	v	s	F_s	M_s	P_s	r =	a =	Betriebsarten
I	—	—	—	—	$k_s a$	$k_s a$	$k_s a$	C_5	$R-C_5$	nuv nvs uvs
II	—	$1/k_s a$	—	$1/k_s a$	—	—	—			nvF_s nvM_s nvP_s nF_sM_s nF_sP_s vF_sM_s vM_sP_s $F_sM_sP_s$
III	$k_s a$	—	$k_s a$	$1/k_s a$	—	—	$k_s a$			uF_sM_s
IV	—	—	r	—	—	r	r	$R-C_5/k_s$	C_5/k_s	nuF_s nsF_s usF_s
V	1/r	1/r	—	—	—	r	—			vsF_s vsP_s sF_sP_s
VI	1/r	—	—	r	—	r	—			uvF_s uvP_s uF_sP_s
VII	—	—	r	—	$k_s a$ od. 1/r	—	—	$\frac{R}{2}+\sqrt{}$	$\frac{R}{2}-\sqrt{}$	nuM_s usM_s nsM_s nuP_s usP_s nsP_s uM_sP_s sM_sP_s
VIII	1/r	1/r	—	—		—	$k_s a$ od. 1/r			vsM_s
IX	1/r	—	—	r		—		*)	R-r	uvM_s

Bemerkungen: Stellgröße $x = r + l_W$ *) r aus $r^3 - Rr^2 + C_5/k_s = 0$

C_5 = Konstante aus den als konstant geforderten Größen

$\sqrt{} = \sqrt{(\frac{R}{2})^2 - C_5/k_s}$

Tabelle 6-I : Betriebsarten des Modells mit drei Stellgrößen und ihre Eigenschaften

Bei den Gruppen I...III wird der Drehradius $r = r_0$ konstant, die Schnitttiefe ergibt sich zu $a = R-r_0$. Bei den BA der Gruppen IV und V wird die Schnittiefe nur von k_s, nicht aber vom Rohteilradius R bestimmt; für konstanten k_s-Wert erhält man also als Werkzeugbahnen Äquidistante zur Rohteilkontur. Bei den übrigen BA hängen a und r von R und k_s ab; für die Gruppen VI...VIII gilt dabei $a \cdot r \sim 1/k_s$.

6.1.4 Bemerkungen zur Realisierung der Betriebsarten

Wird konstante Schnittiefe gefordert, so setzt dies eine Einrichtung zum Messen der Schnittiefe oder auch des Rohteildurchmessers im Schnitt voraus. Denkbar wäre ein Abtasten der Rohteilkontur und Zustellen des Werkzeugs mit Hilfe eines Nachformsystems. Eine solche Forderung ist jedoch im allgemeinen weder notwendig noch sinnvoll.

Betriebsarten, bei denen der Drehradius konstant ist, stellen Sonderfälle der BA des ersten Modells dar; die im zweiten Modell verfügbare Stellgröße Zustellung wird hier gar nicht ausgenutzt.

Die Regelungen zur Verwirklichung der 19 BA mit variablem Drehradius (Gruppen IV bis IX der Tabelle 6-I) können wegen der Gleichheit der Eigenschaften auf 9 einfach realisierbare reduziert werden. Regelungen der Gruppen IV und VII benutzen als einzige Stellgröße die Werkzeugzustellung x, während n und u konstant sind. Ihr Aufbau im Zusammenwirken mit dem Bearbeitungsvorgang ist, analog der Darstellung in Abschnitt 4.1.1, in Bild 6-3a angegeben. Regelgröße kann entweder F_s oder - dann mit anderen Eigenschaften - M_s bzw. P_s sein.

Die BA der Gruppen VI und IX werden durch Regelungen nach Bild 6-3b verwirklicht, bei denen die Stellgrößen x und n (für konstante Schnittgeschwindigkeit) verwendet werden, während u konstant ist. Regelgröße kann M_s oder F_s bzw. P_s sein.

Die BA der Gruppen V und VIII (Bild 6-3c) benutzen drei aktive Stellgrößen x, n (für v = const) und u, wobei jedoch die Vorschubgeschwindigkeit nicht von einer eigenen Regeleinrichtung, sondern zum Einhalten eines konstanten Vorschubs s proportional zu n verstellt wird.

Die Anwendbarkeit der BA mit freier Einstellbarkeit von Drehradius und Schnittiefe wird durch einige Bedingungen eingeschränkt. Bei den Gruppen I...III mit dem Sonderfall des sich als konstant ergebenden Drehradius sind die Sollwerte der konstanten Größen nicht unabhängig voneinander wählbar, sondern müssen so bestimmt werden, daß der dadurch festgelegte Drehradius r und die Schnittiefe a = R-r in einem sinnvollen Wertebereich liegen. Ähnliches gilt bei den Gruppen IV und V bezüglich der Schnitttiefe a, die durch k_s und die gewählten Konstantenwerte bestimmt ist.

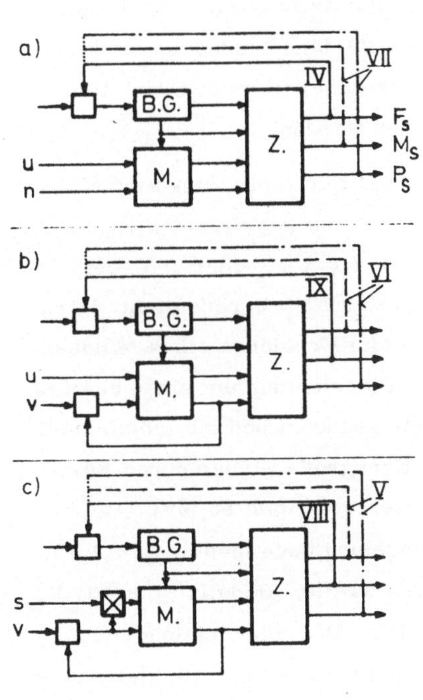

Gruppen IV und VII

nuF_s (nsF_s usF_s)
nuM_s (nsM_s usM_s)
(uM_sP_s sM_sP_s)
nuP_s (nsP_s usP_s)

Gruppen VI und IX

uvF_s
uvP_s (uF_sP_s)
uvM_s

Gruppen V und VIII

vsF_s
vsP_s (sF_sP_s)
vsM_s

B.G. = Bearbeitungsgeometrie
M. = Maschine
Z. = Zerspanvorgang

Bild 6-3: Aufbau von Einrichtungen zur Realisierung der Betriebsarten

a) Typ 1 : eine aktive Stellgröße
b) Typ 2 : zwei aktive Stellgrößen
c) Typ 3 : drei aktive Stellgrößen

Die angegebenen Größen kennzeichnen als Konstanten die Betriebsarten

Die BA mit variablem Drehradius erfordern, wenn sie allgemein einsetzbar sein sollen, Längsdrehwerkzeuge, die eine Planvorschubbewegung in Richtung zur Drehachse gestatten (Nachformdrehmeißel), um auch fallende Konturen bearbeiten zu können. Die Werkzeugbahnen dürfen die Werkstück-Endkontur nie überschreiten, so daß zu jedem Zeitpunkt Ist- und zulässige Grenzposition des Werkzeugs verglichen werden müssen. Die Maschinensteuerung muß daher in der Lage sein, die Endkontur ständig zur Verfügung zu stellen, so daß diese BA nur bei Nachform- oder numerischen Steuerungen anwendbar sind. Dabei kann eine selbsttätige, nicht vorab festgelegte Schnittaufteilung zum Abarbeiten des gesamten Aufmaßes erreicht werden, die dann besonders effektiv wird, wenn bereits fertig bearbeitete Partien bei folgenden Schnitten übergangen und damit Leerwege vermieden werden.

Für diese Einrichtungen zur automatischen Schnittaufteilung sind einige Vorschläge bekanntgeworden. Meist sind dies Regeleinrichtungen nach dem ersten Modell für eine Kenngröße (F_s, M_s oder P_s), bei denen zunächst die Vorschubgeschwindigkeit als Stellgröße dient. Wird deren Stellbereich überschritten (z.B. beim Erreichen eines Mindestvorschubs s_{min}), wird das Werkzeug in Planrichtung um einen bestimmten Betrag verstellt, damit die Schnittiefe geändert und die Möglichkeit geschaffen, Störgrößeneinflüsse auf die Kenngröße wieder durch Verstellen der Vorschubgeschwindigkeit auszuregeln [48, 56, 69] . Bei einem System [50, 67] wird von einer Regelung nach Modell 1 (BA 13, P_s = const, v = const) zu einer der BA des zweiten Modells (Gruppe V, P_s = const, v = const, s = const) gewechselt. Bei Überlastung und Erreichen von s_{min} kann durch Verstellen von x die Schnittiefe stetig reduziert, bei Unterlastung und $s = s_{max}$ stetig erhöht werden.

6.2 Möglichkeiten zur Führung des Drehvorgangs mit Hilfe von Sekundärkenngrößen

In diesem Abschnitt soll das vorgestellte Modell für den Drehvorgang durch Einbeziehen von Sekundärkenngrößen (Abschnitt 3.1) erweitert und anhand einiger Beispiele dargestellt werden, welche Möglichkeiten zur regelungstechnischen Führung des Drehvorgangs sich daraus ergeben. Die zugehörigen Betriebsarten sind durch die Forderung nach Angleichung der betreffenden Kenngröße an einen - im einfachsten Fall konstanten - Sollwert gekennzeichnet.

6.2.1 Schnittemperatur (hierzu Anhang A 10)

Die Schnittemperatur ist eine der wesentlichsten Einflußgrößen auf den Werkzeugverschleiß; hohe Schnittemperatur steigert die Verschleißgeschwindigkeit, umgekehrt beeinflußt der Verschleißzustand Wärmeentwicklung und Schnittemperatur [1, 7, 13, 19, 20]. Daher liegt es nahe, die Schnittemperatur als Regelgröße einer Grenzregelung zu wählen (s.u.). Die Aussagefähigkeit als Kenngröße für Zustand und Ablauf des Zerspanprozesses und speziell für den Werkzeugverschleiß ist jedoch umstritten [45].

Für die Abhängigkeit der Schnittemperatur ϑ von den Bearbeitungsgrößen v und s finden sich in der Literatur unterschiedliche Angaben. Sie lassen sich meist auf die Form

$$\vartheta = K_1 \cdot v^{K_2} \cdot s^{K_3} \qquad (6.3)$$

mit $K_1 \ldots K_3$ als Konstanten bringen, der Einfluß der Schnittiefe wird für vernachlässigbar klein erachtet. Einige Zahlenwerte für die Exponenten sind im Anhang A 10 zusammengestellt; es zeigt sich, daß die Schnittgeschwindigkeit von größerem Einfluß ist als der Vorschub.

Die Meßmethoden für die Schnittemperatur [85, 89] können in

thermoelektrische Verfahren (Thermopaar Werkzeug-Werkstück oder eingebautes Thermoelement),

kolorimetrische Verfahren (Farbumschlag von Anstrichstoffen),

auf Strahlungsmessung beruhende Verfahren

eingeteilt werden; für den praktischen Einsatz in der Fertigung kommen nur die thermoelektrischen Verfahren in Betracht. Der Einbau von Thermoelementen bedingt aufwendig präparierte und schlecht auswechselbare

Werkzeugschneiden. Trotz des Aufwands für die Isolation von Werkzeug und Werkstück und die Meßstromübertragung vom rotierenden Werkstück und trotz erheblicher Störeinflüsse wird das Einmeißel-Meßverfahren (Thermopaar Werkzeug – Werkstück) bei einigen Grenzregeleinrichtungen eingesetzt. Solche Schnittemperaturregelungen sind in den Jahren 1967...69 von verschiedenen Forschungsinstituten vorgestellt worden, jedoch nicht zum industriellen Einsatz gekommen.

Bei den Anlagen nach Jaeschke u. a. [62] und Billett [51] wird als einzige Meßgröße die Schnittemperatur erfaßt und durch Verstellen der Spindeldrehzahl auf einen konstanten Wert geregelt. Shillam [71] mißt gleichzeitig auch die Rückkraft und verwendet sie zur Führung der Vorschubgeschwindigkeit in einem zweiten Regelkreis. Giusti [58] wählt die Motorleistung als zusätzliche Grenzgröße; beim Erreichen eines Grenzwerts wird der Sollwert der Schnittemperatur reduziert und damit indirekt die Drehzahl herabgesetzt. Die Vorschubgeschwindigkeit wird proportional zu n verstellt.

6.2.2 Werkzeugverschleiß (hierzu Anhang A 11)

Der Verschleißzustand der Werkzeugschneide beeinflußt sowohl die Primär- und Sekundärkenngrößen des Zerspanvorgangs (Zerspankraft, Spanbildung, Schnittemperatur, Schwingungen) als auch das Arbeitsergebnis (Maßgenauigkeit und Oberflächengüte des Werkstücks). Die Verschleißgeschwindigkeit wirkt sich aus auf die fertigungstechnischen Kenngrößen Mengenleistung (zum einen über verschleißbedingte Begrenzungen der Bearbeitungsgrößen, zum anderen über notwendig werdende Werkzeugwechselzeiten) und Fertigungskosten (wiederum indirekt über begrenzte v– und s–Werte oder direkt über den Werkzeugkostenanteil). Zum Ermitteln einer Güteziffer des Bearbeitungsvorgangs für eine Optimierregeleinrichtung ist daher die Erfassung von Verschleißzustand oder -geschwindigkeit unerläßlich [53...55] , während Grenzregelsysteme zur Regelung der Verschleißgeschwindigkeit nur selten eingesetzt werden.

Hauptgrund hierfür ist das Fehlen geeigneter Meßwertaufnehmer für den Werkzeugverschleiß. Die bislang entwickelten Sensoren können eingeteilt werden anhand der Gegensatzpaare " kontinuierlich (ständige Messung des Werkzeugverschleißes im Schnitt) oder intermittierend (Abtasten des Werkzeugverschleißes in Arbeitspausen) " und " direkt (eine geometrische Verschleißgröße - meist Freiflächenverschleiß - erfassend) oder indirekt (den Verschleiß über eine leicht meßbare Auswirkung erfassend)". Einige Ansätze zur Entwicklung von Verschleißsensoren sind im Anhang A 11 zusammengestellt.

Den Schnittemperaturregelungen (Abschnitt 6.2.1) liegt meist auch der Gedanke einer Steuerung des Werkzeugverschleißes zugrunde. Eine Verschleiß-Grenzregelung stellt das von Frost-Smith [36] beschriebene System dar. Es umfaßt eine Drehmomentregelung mit der Stellgröße u und eine Regeleinrichtung für konstantes Verhältnis Verschleißgeschwindigkeit $\dot{W}$ / Vorschubgeschwindigkeit u , wobei die Verschleißgeschwindigkeit nach einer empirisch ermittelten Funktion aus der Meßgröße Schnittemperatur ermittelt und die Spindeldrehzahl als Stellgröße benutzt wird.

6.3 Zusammenfassung

Das in Kapitel 3 zugrunde gelegte einfache Modell für den Drehvorgang wird um eine dritte Stellgröße, die Werkzeugzustellung, erweitert, die Sekundärkenngrößen werden in die Betrachtung einbezogen. Damit ergeben sich weitere Möglichkeiten zur Führung des Zerspanvorgangs, deren Bedeutung jedoch durch verschiedene Einschränkungen gemindert wird.

Die nichttrivialen Betriebsarten des Modells mit dritter Stellgröße sind prinzipiell nur bei Arbeitsgängen anwendbar, bei denen der Drehradius bis zur Endkontur frei einstellbar ist (Möglichkeit der selbsttätigen Schnittaufteilung), wobei eine übergeordnete Steuerung für das Einhalten dieser geometrischen Grenze zu sorgen hat. Sie sind nur sinnvoll, wenn die Steuerung so ausgelegt ist, daß durch die Schnittaufteilung entstehende Leerwege vermieden werden. Andere Einschränkungen betreffen die Werkzeuge und die Wahl der Konstantenwerte.

Die Nutzung der Sekundärkenngrößen zur Führung des Bearbeitungsvorgangs wird beeinträchtigt durch meßtechnische Schwierigkeiten, durch zweifelhafte Aussagefähigkeit der Größen und durch zu geringe Kenntnis zweckmäßiger Regelstrategien.

Stetige Grenzregeleinrichtungen mit der Stellgröße Werkzeugzustellung sind selten ausgeführt worden; die meisten Grenzregelungen "mit selbsttätiger Schnittaufteilung" benutzen diese Größe nur zur gestuften Schnitttiefenanpassung, häufig nur in einer Richtung. Grenzregelungen für Sekundärkenngrößen sind bislang auf Laborausführungen beschränkt geblieben.

7. Sensoren für technologische Grenzregelungen

In diesem Kapitel werden als Beitrag zur Entwicklung technologischer Grenzregelungen einige Sensoren zur Erfassung unmittelbar zerspankraftabhängiger Meßgrößen an Fräsmaschinen beschrieben. Den Untersuchungen liegt dabei die Stirnfräsbearbeitung mit Messerköpfen zugrunde.

Analog den Modellen für das Drehen (Bilder 3-4, 6-1) sind in Bild 7-1 die Einflußgrößen auf den Fräsvorgang dargestellt. Vom Werkzeug sind die konstanten Gegebenheiten Durchmesser D, Schneidenzahl z_s und Schneidengeometrie (z.B. Einstellwinkel $\varkappa$) vorgegeben. Werkstückschnittbreite B und Exzentrizität e der Werkzeugstellung zum Werkstück, Frästiefe a und spezifische Schnittkraft k_s stellen variable von der Bearbeitungsaufgabe bestimmte Gegebenheiten dar. Hinzu kommt eine periodische Störung durch die Schneideneingriffe bei der Werkzeugrotation (Drehwinkel φ). Die Primärkenngrößen - Schnittleistung, Drehmoment, Kräfte (Kraftkomponenten, Werkzeugabdrängkraft usw.) - hängen ab von diesen Einflußgrößen und von den Bearbeitungsgrößen Schnittgeschwindigkeit v und Vorschub s_z. Stellgrößen sind zunächst die Vorschubgeschwindigkeit u und die Werkzeugdrehzahl n. Weitere Stellgrößen können die axiale Werkzeugzustellung z (Schnittaufteilung) oder radiale Werkzeugverstellungen quer zur Vorschubrichtung (x, y) mit dem Ziel einer selbsttätigen Bahnzerlegung sein, doch setzen Werkzeugeigenschaften (Bohrschnitte nur in Sonderfällen möglich) und die Werkstückgeometrie (Kollisionen mit umgebenden Werkstückpartien) hierfür Grenzen.

Die Zerspankraft und die unmittelbar von ihr beeinflußten Größen hängen eng zusammen mit den Vorgängen an der Spanentstehungsstelle, sie erlauben daher Aussagen über den Ablauf des Zerspanvorgangs. Kräfte, Momente und die Schnittleistung wirken als Belastungsgrößen für Maschine, Werkzeug und Werkstück und kennzeichnen deren Auslastungszustand. Aus diesen Gründen ist es zweckmäßig, zerspankraftabhängige Größen, also die Primärkenngrößen, als Meßgrößen für Grenzregelsysteme zu wählen.

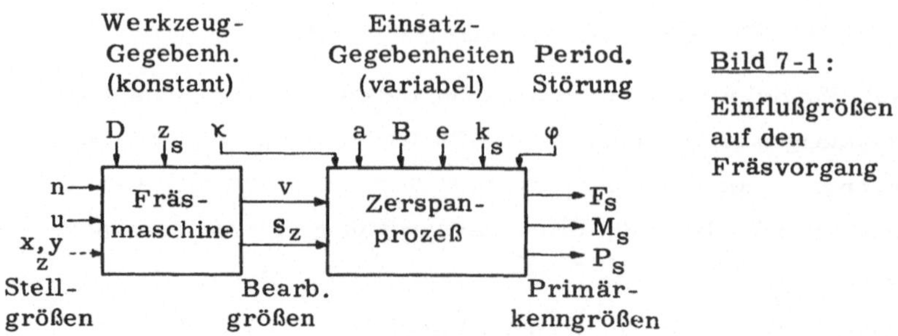

Bild 7-1: Einflußgrößen auf den Fräsvorgang

7.1 Zerspankraftsensoren an Fräsmaschinen

Unterscheidungsmerkmale und Einteilungsgesichtspunkte für Einrichtungen zum Messen direkt zerspankraftabhängiger Größen an Werkzeugmaschinen sind in Tabelle 7-I zusammengestellt. Aus dem Zweck der Messung ergeben sich unterschiedliche Anforderungen an die Sensoren bezüglich Kosten, Bedienungs- und Wartungsaufwand, Empfindlichkeit und Meßbereich.

1. Zahl und Art der Meßgrößen; Zweck der Messung

	mehrere Zerspan-kraftkomponenten	eine Zerspan-kraftkomponente	summar. Zerspan-kraftwirkung
z.B.:		Tangentialkraft	Werkzeugabdrängung
Anw.:	Grundlagenuntersuchungen		Sensoren für Regelungen

2.1 Meßprinzip: Umformung Kraft (Moment) in elektr. Größe

	elast. Verlagerung Wegmessung	elast. Verformung Dehnungsmessung	quasi weglos physik. Effekte
z.B.	induktiv, berührend / kapazitiv, berühr.los	Metall- / Halbleiter- Dehnungsmeßstreifen	piezoelektr. / magnetoelast.

2.2 Prinzip der Komponententrennung

Konstruktion d. Aufnehmerkörpers (mechanisch)	im Meßumformer (Empfindlichkeitsrichtung)

3. Meßort: Lage der Aufnehmer im Kraftfluß der Maschine

Werkzeug	Werkzeug-spannung	Spindel / Lager	Werkstück-spannung	Antriebe	Masch. körper

Tabelle 7-I: Einteilungsgesichtspunkte für Zerspankraft-Meßeinrichtungen

Das Merkmal "Meßort" verdeutlicht Bild 7-2 am Beispiel einer Vertikalfräsmaschine. Meßeinrichtungen des Typs 1 bestehen aus direkt in ein spezielles Fräswerkzeug (meist nur Träger für eine Einzelschneide) eingebauten Sensoren, kommen also nur als Labormeßgeräte für das Einzahnfräsen in Betracht. Bekanntgeworden sind Ein- bis Dreikomponentenmeßeinrichtungen mit Dehnungsmeßstreifen (DMS)-Verformungsmessung, kapazitiver Verlagerungsmessung und piezoelektrischer Kraftmessung.

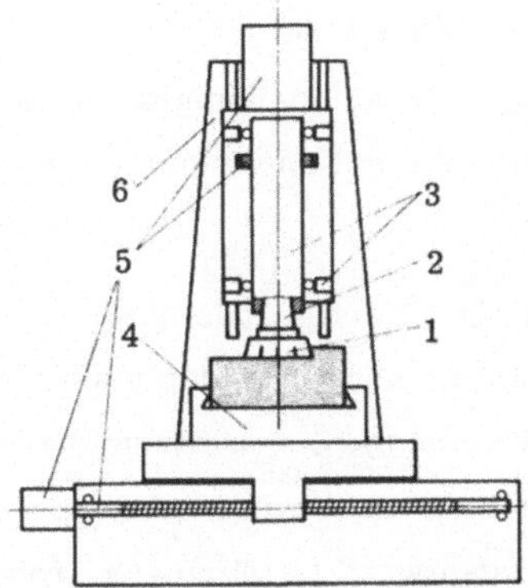

Bild 7-2: Möglichkeiten zum Anbringen von Zerspankraftsensoren an einer Fräsmaschine

Werden die Sensoren in die Werkzeugspanneinrichtungen eingebaut (Typ 2), können Standardfräswerkzeuge benutzt werden; solche Meßgeräte sind daher auch als Betriebsmeßgeräte (Sensoren für Regelungen) verwendbar. Ausgeführte Geräte beschränken sich auf die Messung des Schnittdrehmoments mit DMS oder über induktive Torsionswegmessung. Zerspankraftsensoren, die in die Konstruktion der Frässpindel und ihrer Lagerung einbezogen sind (Typ 3), kommen vorzugsweise als Betriebsmeßgeräte zum Einsatz. Bekannt sind Drehmomentmeßeinrichtungen mit DMS und Sensoren zum Erfassen der Spindelabdrängung, die berührend (DMS) oder berührungsfrei (induktiv) arbeiten.

Mit Ausnahme der Abdrängsensoren erfordern alle genannten Meßeinrichtungen die Übertragung der Meßsignale von der rotierenden Frässpindel. Diese Schwierigkeit umgehen die als Werkstückspanneinrichtungen ausgebildeten Aufnehmer. (Typ 4). Da hier das Meßkoordinatensystem nicht mitrotiert, werden die auf die Maschine bezogenen Kräfte erfaßt. Für Grundlagenuntersuchungen sind viele Ein- und Mehrkomponenten-Kraftmeßtische nach unterschiedlichen Prinzipien gebaut worden [87]; den Einsatz in der Fertigung verhindern die notwendigen Einschränkungen bezüglich Werkstückform, -größe und -gewicht. Sensoren des Typs 5 erfassen die Auswirkungen der Zerspankraft in den Haupt- und Vorschubantrieben (Schnittdrehmoment, Schnittleistung, Vorschubkraft). Zum Teil erfordern sie keinen mechanischen Umbauaufwand (Motorstrom, -leistung), der große Abstand von der Wirkstelle Werkzeug-Werkstück kann jedoch Störeinflüsse wirksam werden lassen. Verformungen am Maschinengestell unter der Einwirkung der Zerspankraft erfassen die selten eingesetzten Sensoren des Typs 6.

Zerspankraftsensoren an Fräsmaschinen für den Fertigungseinsatz sollen die statische Steifigkeit und die dynamischen Eigenschaften der Maschine nicht beeinträchtigen, den Arbeitsraum nicht einengen, den Einsatzbereich von Werkzeugen, Werkstücken und Schnittwerten nicht einschränken, sie sollen ohne großen Konstruktions- und Umbauaufwand anzubringen, robust, wartungs- und bedienungsarm und kostengünstig sein. Erwünscht sind einerseits große Meßempfindlichkeit und hohe Auflösung, um mit einfachen und billigen Meßverstärkern auszukommen, andererseits ein großer Meßbereich mit Überlastmöglichkeit; die Eigenfrequenz der Meßeinrichtung soll möglichst hoch sein.

7.2 Einrichtung zum Messen von Drehmoment, Biegemoment und Axialkraft beim Fräsen mit Messerkopf

7.2.1 Aufgabenstellung und Konzeption der Meßeinrichtung

Zerspankraftmessungen an Werkzeugmaschinen können unterschiedlichen Zwecken dienen. Einerseits wirken die Zerspankräfte unmittelbar als Belastung für Maschine, Werkzeug und Werkstück (Kraftkomponenten, Dreh- und Biegemomente; Schnittleistung), sie müssen daher überwacht und unterhalb bestimmter Grenzen gehalten werden. Andererseits können sie, da sie u. a. vom Verschleißzustand des Werkzeugs beeinflußt werden, zur mittelbaren Erfassung der während der Bearbeitung schwierig zu messenden Sekundärkenngröße Verschleißgeschwindigkeit herangezogen werden.

Ein vielseitig einsetzbarer Zerspankraftsensor soll sowohl zum Aufbau einer Grenzregelung verschiedene Belastungskenngrößen wie Drehmoment oder Biegemomente liefern als auch Untersuchungen des Verlaufs von Zerspankraftkomponenten und damit Größe und Richtung des Zerspankraftvektors - z.B. in Abhängigkeit vom Schneidenverschleiß - ermöglichen. Als Meßgerät für Grundlagenuntersuchungen kommen nur Aufnehmer der Typen 1, 2 und 4 (Bild 7-2) in Betracht; der Einsatz als Grenzregelsensor in der Fertigung schließt Kraftmeßtische und präparierte Meß-Werkzeuge aus. Der Mehrkomponenten- Zerspankraftsensor wird daher als Werkzeugspanneinrichtung ("Fräsmeßdorn") konzipiert [87] .

7.2.2 Zerspankraftkomponenten und Meßgrößen

Der beim Stirnfräsen auf eine Werkzeugschneide wirkende Zerspankraftvektor F_z kann in einem mitrotierenden Werkzeug-Koordinatensystem zerlegt werden in die Komponenten Tangentialkraft F_t, Radialkraft F_r und Axialkraft F_a (Bild 7-3). Jede der Komponenten folgt nach [88] der Beziehung

$$F_i = a \cdot s_z^{1-c_i} \cdot (\sin\kappa)^{-c_i} \cdot k_{s1.1} \cdot (\sin\varphi)^{1-c_i} \Big|_{i=t,\,r,\,a} \qquad (7.1)$$

mit den Bearbeitungsbedingungen a (Schnittiefe) und s_z (Vorschub je Schneide), der Werkzeuggröße κ (Einstellwinkel), den Werkstoffgrößen $k_{s1.1}$ (Grundwert der spezifischen Schnittkraft) und $1-c_i$ (Anstiegswert der spezifischen Schnittkraft für die Tangential- ($i = t$), Radial- ($i = r$) und Axialkomponente ($i = a$)). Der Schnittwinkel φ kennzeichnet die momentane Lage der Schneide.

Mit r als Fräserradius und A als Abstand Schneidenebene - Meßebene rufen die Komponenten beim Einzahnfräsen an der Meßstelle folgende Wirkungen hervor: Axialkraft F_a ; Drehmoment $M_t = F_t \cdot r$; Biegemomente $M_{bt} = F_t \cdot A$, $M_{br} = F_r \cdot A$, $M_{ba} = F_a \cdot r$. Der Betrag des resultierenden

Biegemoments an der Meßstelle ergibt sich zu

$$M_b = \sqrt{(M_{br} - M_{ba})^2 + M_{bt}^2} = \sqrt{(F_r \cdot A - F_a \cdot r)^2 + F_t^2 \cdot A^2} \qquad (7.2)$$

Seine Richtung hängt vom Verhältnis der Komponenten ab und ist vorab unbekannt, das Gesamtbiegemoment muß daher nach

$$M_b = \sqrt{M_{b1}^2 + M_{b2}^2} \qquad (7.3)$$

aus den in zwei aufeinander senkrechten Meßrichtungen 1 und 2 des rotierenden Werkzeugkoordinatensystems zu messenden Biegemomentkomponenten ermittelt werden.

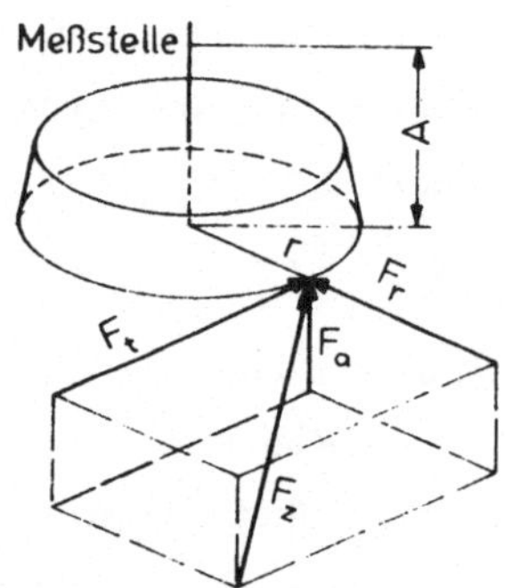

Bild 7-3 :

Zerlegung der Zerspankraft in drei Komponenten

Die Meßgrößen sind F_a, M_t, M_{b1} und M_{b2} ; bei mehrschneidiger Bearbeitung entsprechen die Meßwerte der Werkzeugbelastung. Ist nur eine Schneide im Eingriff, können die Zerspankraftkomponenten nach

$$F_t = M_t / r \qquad (7.4)$$

und

$$F_r = F_a \cdot r / A \pm \sqrt{(M_{b1}^2 + M_{b2}^2)/A^2 - M_t^2/r^2} \qquad (7.5)$$

ermittelt werden.

7.2.3 Konstruktion und Wirkungsweise des Fräsmeßdorns

Der Fräsmeßdorn hat die Funktionen einer Spanneinrichtung für Messerköpfe und eines Aufnehmerkörpers für Kraft- und Momentenmessungen zu erfüllen. Eine mechanische Komponententrennung würde zu einer komplizierten und aufwendigen Konstruktion führen, daher wird das Prinzip der Komponententrennung in den Meßumformern angewandt. Wegen des geringen Raumbedarfs und der einfachen Konstruktion des Aufnehmerkörpers werden Dehnungsmeßstreifen als Meßumformer verwendet, der Verformungskörper wird als einfacher kreiszylindrischer Schaft zwischen Flansch und Messerkopfaufnahme gestaltet (Bild 7-4).

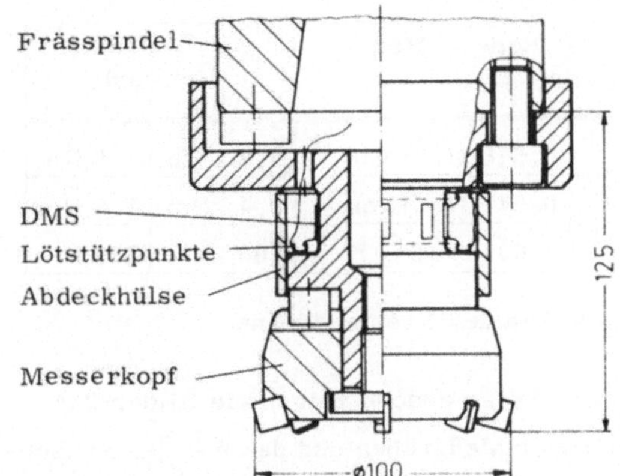

Bild 7-4 : Fräsmeßdorn zur Kraft- und Momentenmessung beim Stirnfräsen

Mit den bekannten Anordnungen von DMS können Axialkraft, Torsionsmoment und Biegemomente an einer Welle ohne gegenseitige Beeinflussung gemessen werden. Jede der vier Meßgrößen wird mit je 2 Zweigitter-DMS in Vollbrückenschaltung erfaßt; die Meßgitter werden über Lötstützpunkte an den Planflächen der Meßstelle verschaltet. Die Anschlußpunkte sind auf Steckdosen in der Zentralbohrung des Meßdorns geführt (nicht dargestellt).

7.2.4 Eigenschaften der Meßeinrichtung (hierzu Anhang A 12 und A 13)

Der Fräsmeßdorn ist für Messerköpfe von 100 mm bis 125 mm Durchmesser (Bohrung 32 mm) ausgelegt. Die Meßeinrichtung besteht aus dem Sensor einem Quecksilber-Meßstromübertrager am oberen Spindelende, Trägerfrequenzmeßverstärkern für die vier Meßgrößen und einer Analogrechenschaltung zur Berechnung des Gesamtbiegemoments aus den zwei Komponenten (Anhang A 12). Die Meßempfindlichkeit und die maximalen und minimalen Meßwerte gehen aus Tabelle 7- II hervor (Berechnungen hierzu siehe Anhang A 13). Die Eigenfrequenzen liegen in Axialrichtung bei 10 kHz, für Torsion bei 4 kHz, für Biegung bei 2,5 kHz. Bei der statischen Eichung ergab sich konstante Empfindlichkeit, also Linearität zwischen Meßgrößen und Anzeige, das Übersprechen liegt im allgemeinen unter ± 2%.

Meß-größe	Aufnehmer- Empfindlichkeit	Sensor-Meß- Empfindlichkeit	Max. Meßwert	Min. Meßwert
Torsion	$0,27 \cdot 10^{-6} (Nm)^{-1}$	$0,548 \cdot 10^{-6} (Nm)^{-1}$	3,7 kNm	1,8 Nm
Biegung	$0,42 \cdot 10^{-6} (Nm)^{-1}$	$0,547 \cdot 10^{-6} (Nm)^{-1}$	2,4 kNm	1,8 Nm
Zug-Druck	$0,0033 \cdot 10^{-6}\ N^{-1}$	$0,00425 \cdot 10^{-6}\ N^{-1}$	300 kN	235 N

Tabelle 7-II : Eigenschaften des Fräsmeßdorns

Beispiele für Messungen mit dem Fräsmeßdorn zeigen die Bilder 7-5 und 7-6 . Bild 7-5 enthält die vier Meßgrößen und das mit der Rechenschaltung ermittelte Gesamtbiegemoment beim Einzahnfräsen. Da die Werkstückbreite kleiner ist als der Fräserdurchmesser, erhält man statt eines sinusförmigen Verlaufs beim An- und Ausschneiden eine sprungartige Kraft- und Momentänderung. Ursache für die Ungleichheit der Amplituden von M_{b1} und M_{b2} ist die Verdrehung des Meßkoordinatensystems (Ebenen der Biegemomentmessung) gegen das Werkzeugkoordinatensystem (Achsebene durch die Schneide).

Den Verlauf der selben Größen beim Fräsen mit vollbestücktem Messerkopf (8 Schneiden) gibt Bild 7-6 wieder. Die einzelnen Schneideneingriffe sind deutlich zu erkennen. Die mit der Fräserdrehung periodischen Schwankungen von Dreh- und Gesamtbiegemoment rühren von einem Unrundlauf des Werkzeugs (ungleiche Flugkreisradien der Schneiden) her.

Bei Meßeinrichtungen der Bauart Werkzeugspanner können die Zerspankraftkomponenten nicht unmittelbar an der Schneide gemessen, sondern müssen über ihre Auswirkungen an einer entfernten Meßstelle ermittelt werden. Daraus folgt, daß wegen der Überlagerung der Wirkungen aller

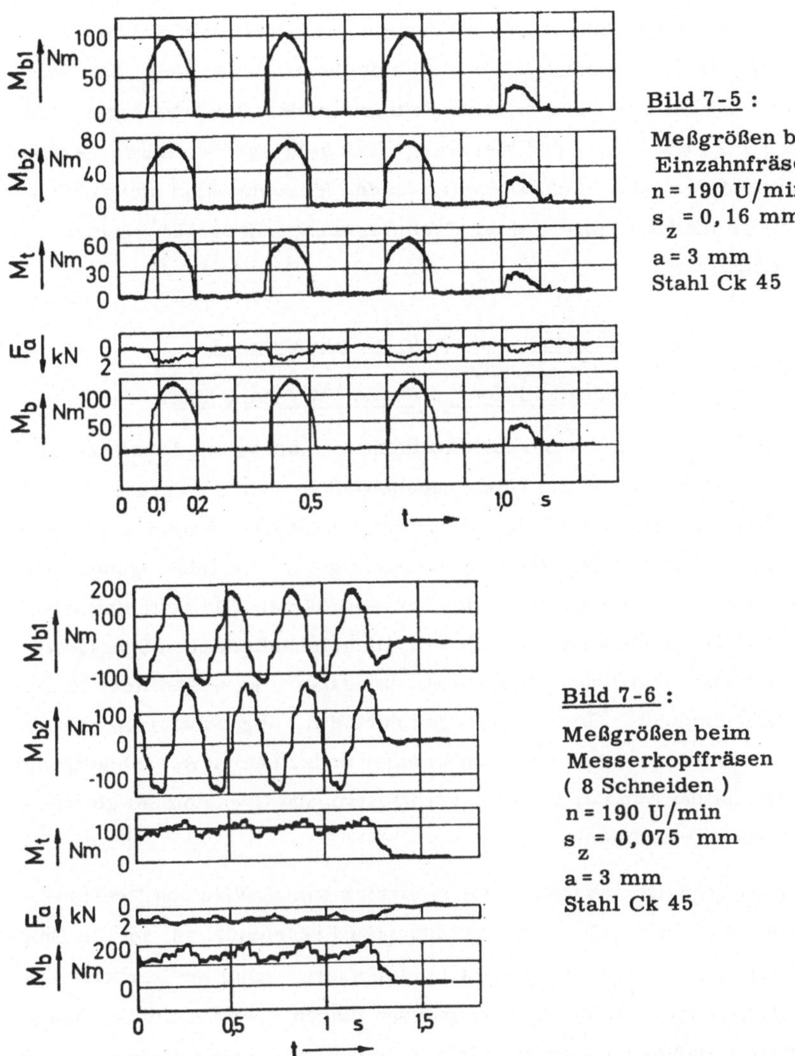

<u>Bild 7-5</u> :

Meßgrößen beim Einzahnfräsen
n = 190 U/min
s_z = 0,16 mm
a = 3 mm
Stahl Ck 45

<u>Bild 7-6</u> :

Meßgrößen beim Messerkopffräsen
(8 Schneiden)
n = 190 U/min
s_z = 0,075 mm
a = 3 mm
Stahl Ck 45

Schneiden nur beim Einzahnfräsen eine Komponentenzerlegung möglich ist. Tangentialkraft (aus dem Drehmoment) und Axialkraft (direkt) können dabei einfach erfaßt werden, die Radialkraft ergibt sich nach Gl. 7.5 als Resultat aller vier Meßgrößen. Eine Analyse dieser Gleichung zeigt, daß eine Bestimmung von F_r mit einem relativen Fehler von $\pm$10%

eine Messung von M_b und M_t mit höchstens $\pm$ 2% relativem Fehler (bei $F_t/F_r = 2$) erfordert; bei $F_t/F_r = 4$ (beide Werte liegen nach [88] im üblichen Bereich) darf der relative Fehler nur rd. $\pm$0,5% betragen. Zur Messung der Maschinen- und Werkzeug- Belastungsgrößen ist der Fräsmeßdorn gut geeignet, Umbauarbeiten an der Maschine sind nicht erforderlich. Er wird als Sensor einer Grenzregelung (Meßgröße Drehmoment) eingesetzt.

7.3 Einrichtung zum Messen des Spindeldrehmoments

7.3.1 Aufgabenstellung und Konzeption der Meßeinrichtung

Um den Anforderungen an Zerspankraftsensoren bezüglich Arbeitsraum, Steifigkeit der Maschine und Werkzeugauswahl gerecht zu werden, besteht die Möglichkeit, sie in die Spindelkonstruktion einzubeziehen (Typ 3 nach Bild 7-2). Beim Schruppfräsen ist die wichtigste, weil leistungsbestimmende, Zerspankraftkomponente die Tangentialkraft. Die arithmetische Summe der Tangentialkräfte an allen im Eingriff befindlichen Schneiden ist proportional dem Fräsdrehmoment, das daher eine wesentliche Regelgröße technologischer Grenzregelungen darstellt. Abgesehen von vernachlässigbaren Reib- und beim Fräsen weniger bedeutsamen Beschleunigungsmomenten ist das von der Frässpindel übertragene Drehmoment gleich dem Zerspandrehmoment.

Bringt man DMS als einfachste Meßumformer zum Aufbau von Drehmomentsensoren direkt auf einer unveränderten Frässpindel an, ist die Empfindlichkeit der Meßanordnung nicht immer ausreichend; meßgerechte Spindelschwächung kann zu Steifigkeitseinbußen führen. Der Sensor ist also so zu gestalten, daß er bei ungeschwächter Spindel eine große Meßempfindlichkeit aufweist. Eine Möglichkeit hierzu bietet das Prinzip des Dehnungsübersetzers. Derartige Einrichtungen sind z.B. auch in [78] und [81] beschrieben worden.

7.3.2 Prinzip und Wirkungsweise des Dehnungsübersetzers (hierzu A 14)

Das durch die Spindel geleitete Drehmoment M_t verursacht auf der Länge L eine Verdrillung um den Winkel φ_{Sp}, ihr entspricht die Verformung (Schiebung) γ (Bild 7- 7). Der Torsionswinkel φ_{Sp} wird über möglichst starre Meßhülsen auf die Meßlänge l konzentriert – durch die begrenzte Steifigkeit der Hülsen steht nur der Winkel φ_M zur Verfügung –, wodurch statt der Schiebung γ nun γ_M auftritt.

Die Empfindlichkeit der Meßeinrichtung (Verhältnis einer Änderung der mit DMS erfaßbaren Dehnung[unter 45° zur Achse] zur verursachenden Drehmomentänderung) und das Übersetzungsverhältnis (Meßdehnung an der Meßstelle bezogen auf die Meßdehnung, wenn die DMS direkt auf der Spindel angebracht werden) gehen aus Anhang A 14 hervor. Die Dehnungsübersetzung beruht auf zwei Effekten, einmal der Konzentration der Torsion über der Länge L auf die Meßlänge l (Faktor L/l), zum anderen der Erfassung der Verformung auf einem Durchmesser, der größer ist als der Spindeldurchmesser (Faktor d_M/d_{Sp}). In erster Näherung gilt:

Übersetzungsverhältnis
$$ü = \frac{d_M}{d_{Sp}} \cdot \frac{L}{l}$$

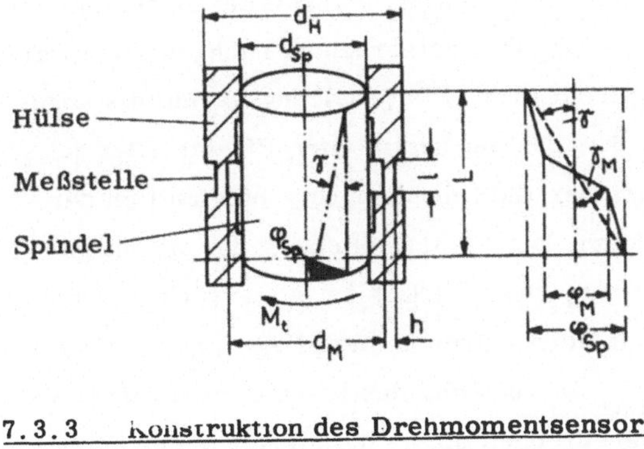

Bild 7-7 : Prinzip des Dehnungsübersetzers

7.3.3 Konstruktion des Drehmomentsensors (hierzu Anhang A 14)

Mögliche Bauformen für einen Dehnungsübersetzer sind u. a. : (1) Hülse einteilig, Meßstelle rohrförmig; (2) Hülse einteilig, Meßstellen stegförmig ausgearbeitet; (3) Hülse zweiteilig (quergeteilt), Stege aufgeklebt oder aufgeschraubt; (4) Hülse vierteilig (quer- und längsgeteilt), separate Stege. Die Hülse kann auf der Spindel aufgeklemmt oder mit radial angeordneten Schrauben befestigt werden. Für die Versuchsausführung wurde Bauform (3) mit Klemmverbindung gewählt (Bild 7-8). Die vier Meßstege (Federstahl, 0,2 mm dick) sind mit Epoxydharz auf Abflachungen der Hülsen geklebt und zusätzlich verschraubt, sie tragen je einen Zweigitter-DMS. Die äußeren Abmessungen sind durch den verfügbaren Einbauraum gegeben, die Bemessung der Meßstelle nach den in Anhang A 14 angegebenen Beziehungen richtet sich nach dem erforderlichen Meßbereich und der Meßempfindlichkeit unter Beachtung der Dauerfestigkeitsgrenzen von DMS und Bauteilen.

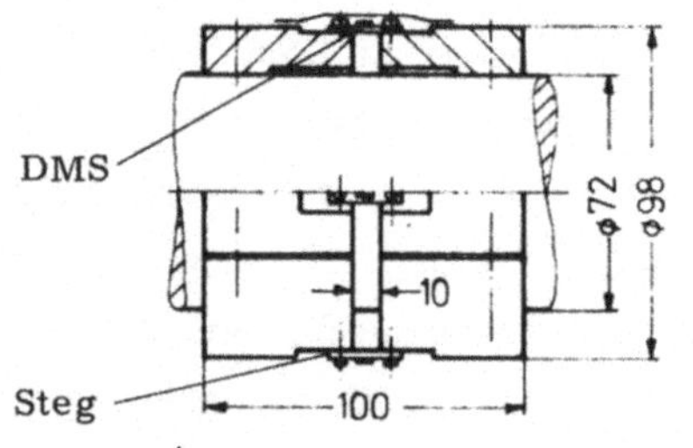

Bild 7-8 :
Versuchsausführung des Drehmomentsensors

7.3.4 Eigenschaften der Meßeinrichtung

Mit der Versuchsausführung sollte die Funktionsfähigkeit des Drehmomentsensors der vorgeschlagenen Dehnungsübersetzerbauart nachgewiesen werden. Daher wurde auch ein möglichst großes Übersetzungsverhältnis angestrebt (erreichter Wert ü = 10,6), das bei bestimmten Einsatzfällen jedoch zu einer Überbeanspruchung der DMS insbesondere hinsichtlich der Dauerschwingfestigkeit führen kann. Die Empfindlichkeit des Dehnungsübersetzers beträgt $d\varepsilon_{45°}/dM_t = 0,90 \cdot 10^{-6}\ (Nm)^{-1}$, sie erwies sich bei der Eichung als konstant. Das maximale Drehmoment liegt für $\varepsilon_{45°} = 10^{-3}$ (Grenzwert für DMS) bei $M_{t\,max} \approx 1100$ Nm, das kleinste meßbare Drehmoment bei rd. 1 Nm. Das Übersprechen einer Radialkraft in der Schneidenebene ist vernachlässigbar klein, ein Übersprechen einer zentrisch angreifenden Axialkraft liegt nicht vor. Die Eigenfrequenz der Meßanordnung entspricht der des Spindelsystems, sie wird durch den Sensor nicht merklich beeinflußt. Der Aufwand für den Einbau ist gering, konstruktive Änderungen sind an der Spindel nur nötig, um die Anschlußleitungen zum Meßstromübertrager zu führen.

Bild 7-9 zeigt als Beispiel für das Meßsignal den Verlauf des Drehmoments beim Einzahnfräsen. Der Dehnungsübersetzer wird hauptsächlich als Drehmomentsensor für eine Grenzregelung an einer Fräsmaschine eingesetzt [70]

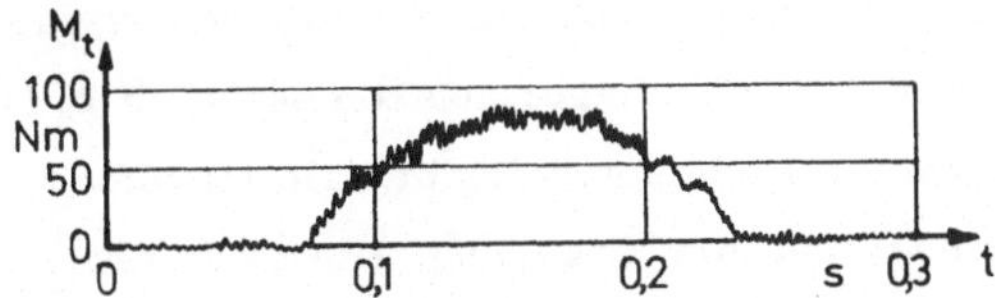

Bild 7-9 :

Drehmoment beim Einzahnfräsen
n=190 U/min, s_z = 0,13 mm
a=3 mm, Stahl Ck 45

7.4 Einrichtung zum Messen der Spindelabdrängung

7.4.1 Aufgabenstellung und Konzeption der Meßeinrichtung

Da Fräsmeßdorn und Drehmomentmeßhülse aufwendige rotierende Meßstromübertrager erfordern, besteht der Wunsch nach einer ruhenden Zerspankraftmeßeinrichtung. Hierfür kommen zunächst die Sensorentypen 3, 4 und 6 nach Bild 7-1 in Betracht. Kraftmeßtische (4) scheiden wegen der Einschränkungen für das Werkstück, Sensoren am Maschinengestell (6) wegen des großen Abstands von der Wirkstelle aus. Als mögliche Meßgröße bleibt die zerspankraftbedingte elastische Verlagerung der Frässpindel relativ zum Gehäuse (bzw., wie bei der vorhandenen Fräsmaschine, zur Pinole). Diese radiale Spindelauslenkung ist dabei nicht als absolute geometrische Größe oder als Einflußfaktor auf die Bearbeitungsqualität, sondern als Maß für die Zerspankraft von Bedeutung.

7.4.2 Zerspankraftkomponenten und Meßgrößen (hierzu Anhang A 15)

Die Spindelabdrängung als summarische Wirkung ist das Resultat aller Zerspankraftkomponenten an allen im Eingriff befindlichen Schneiden, eine Komponententrennung ist nicht möglich. Dagegen kann eine "ideelle Abdrängkraft" definiert werden als diejenige Radialkraft in der Schneidenebene, die die gleiche Abdrängung verursacht wie die an allen Schneiden wirkenden Zerspankräfte. Eine Berechnung dieser ideellen Abdrängkraft (Anhang A 15) für verschiedene Eingriffsverhältnisse des Messerkopfs zeigt, daß ihr Verlauf über dem Schnittwinkel φ sehr ähnlich dem des Drehmoments ist, so daß Abdrängungsmessung und Drehmomentmessung ungefähr gleich aussagefähig sind.

7.4.3 Konstruktion und Wirkungsweise des Abdrängsensors

Maß für die Abdrängkraft ist die Verlagerung der Spindelnase relativ zur Pinole, die sich nach $\delta = \sqrt{\delta_x^2 + \delta_y^2}$ aus den Verlagerungskomponenten δ_x und δ_y in zwei zueinander senkrechten Richtungen ergibt. Als Meßfeder dient dabei die unveränderte Spindel und ihre Lagerung. Die Meßeinrichtung besteht aus einer rohrförmigen und auf die Pinole geklemmten Halterung und vier um je 90° versetzten Aufnehmern. Untersucht wurden zwei Bauarten von Aufnehmern:

a) Abtasten der Lauffläche an der Spindelnase mit einer blattfedergelagerten Meßrolle (Kugellager), die elastische Verformung der vorzuspannenden Blattfedern wird mit DMS erfaßt;

b) berührungslose Abstandsmessung zur Spindelbezugsfläche mit handelsüblichen induktiven Wegaufnehmern.

7.4.4 Eigenschaften der Meßeinrichtung (hierzu Anhang A 16)

Da die Spindel und ihre Lagerung wesentliche Teile der Meßeinrichtung bilden, hängen deren Eigenschaften stark von denen der Maschine ab. Allgemeingültige quantitative Aussagen über die Eigenschaften des Sensors können daher nicht gemacht werden.

Die Empfindlichkeit der Meßanordnung (Verhältnis der Änderung des Ausgangssignals zu einer Kraftänderung) ist außer von der Spindel auch abhängig von den Werkzeugabmessungen, so daß eine direkte Krafteichung unerläßlich ist. Die Untersuchungen ergaben, daß Aufnehmer der Bauart a zu kompliziert aufgebaut, nicht genügend robust, verschleißbehaftet und schwierig zu justieren sind; ihr Meßsignal unterliegt zusätzlichen Störeinflüssen durch die Rotation der Kugellager. Sie sind für einen praktischen Einsatz ungeeignet und werden daher hier nicht weiter betrachtet. Sensoren nach b weisen diese Nachteile nicht auf. Bei ihnen ist die Meßempfindlichkeit zusätzlich eine Funktion des Ausgangsabstands zur Spindelbezugsfläche.

Bei den Untersuchungen an der Fräsmaschine wurden drei maschinenbedingte Störeinflüsse beobachtet:

1. Ungleiche Steifigkeit in verschiedenen Richtungen verursacht unterschiedliche Meßempfindlichkeit in x- und y-Richtung. Abhilfe schafft hier eine unterschiedliche Gewichtung der Signale bei der geometrischen Addition zur Gesamtabdrängung (Analogrechenschaltung).

2. Mechanisch bedingtes Übersprechen dadurch, daß unter einer in einer Meßrichtung wirkenden Kraft auch quer dazu eine Verlagerung auftritt. Abhilfe ist durch eine Korrektur-Rechenschaltung möglich (Anhang A 16).

3. Unrundlauf und Formabweichungen der Spindel ($< \pm 1,5\ \mu m$) verursachen Störsignale nicht vernachlässigbarer Amplitude und drehzahlabhängiger Frequenz. Eine Unterdrückung durch ein Tiefpaßfilter hat eine unzulässig niedrige Grenzfrequenz der Meßeinrichtung zur Folge, die Kompensation durch eine drehwinkelsynchrone Störsignalnachbildung (Anhang A 16) ist nicht befriedigend möglich und zu aufwendig.

Spindelabdrängsensoren als Zerspankraftmeßgeräte sind daher, weil die Maschine selbst einen wesentlichen Teil der Meßeinrichtung bildet, für einen nachträglichen Anbau an vorhandene Fräsmaschinen nicht in allen Fällen geeignet.

7.5 Zusammenfassung und Vergleich der Sensoren

Meß- und Regelgrößen für Grenzregelungen an Fräsmaschinen sind vorzugsweise zerspankraftabhängige Größen. Zu deren Erfassung werden Meßeinrichtungen beschrieben und untersucht, die drei verschiedenen Typen angehören.

Der Fräsmeßdorn, als Werkzeugspanneinrichtung konzipiert, erlaubt die Messung von Axialkraft, Dreh- und Biegemoment am Werkzeug mit Hilfe von Dehnungsmeßstreifen und kann bei einschneidiger Fräsbearbeitung auch zum Ermitteln der Zerspankraftkomponenten in einem rotierenden Werkzeugkoordinatensystem verwendet werden. Er weist gute Meßempfindlichkeit, großen Meßbereich und hohe Eigenfrequenz auf, Umbauarbeiten an der Maschine sind nicht erforderlich. Nachteilig sind die (geringe) Einschränkung des Arbeitsraums, die Möglichkeit erhöhter Ratterneigung des Gesamtsystems, die Festlegung auf einen bestimmten Werkzeugtyp und bestimmte Werkzeuggrößen sowie die Notwendigkeit einer rotierenden Meßwertübertragung.

Der Drehmomentsensor in Dehnungsübersetzerbauart ist in die Spindelkonstruktion einbezogen und arbeitet ebenfalls mit DMS. Starrheit und Arbeitsraum der Maschine werden nicht beeinträchtigt, die Meßempfindlichkeit ist hoch, die Eigenfrequenz entspricht der der Frässpindel, beliebige Werkzeuge sind einsetzbar. Die erforderlichen Umbauarbeiten sind geringfügig; erforderlich ist eine rotierende Meßstromübertragung. Der Sensor kann nur eingesetzt werden bei Spindelkonstruktionen mit ausreichendem Einbauraum(insbesondere Abstand Drehmomenteinleitungsstelle - vorderes Spindellager).

Der Abdrängsensor erfaßt die schnittkraftbedingte elastische Verlagerung zwischen Spindel und Pinole berührungslos mit induktiven Wegaufnehmern. Mit ihm kann eine sehr hohe Meßempfindlichkeit erreicht werden, Starrheit und Arbeitsraum der Maschine bleiben unverändert, es sind beliebige Werkzeuge einsetzbar, Umbauarbeiten und rotierende Meßwertübertragung sind nicht erforderlich. Da die Spindelkonstruktion einen Teil der Meßeinrichtung darstellt, können erhebliche maschinenbedingte Störeinflüsse auftreten, die sich nur teilweise kompensieren lassen.

Fräsmeßdorn und Dehnungsübersetzer werden als Sensoren für eine Drehmoment-Grenzregelung - sowohl zur Regelgrößenerfassung wie auch als Anschnittsensor - eingesetzt.

8. Zusammenfassung

Adaptive-Control-Einrichtungen (AC) dienen zur Steigerung der Produktivität bei der Fertigung auf spanenden Werkzeugmaschinen. Den beiden Grundaufgaben dieser Automatisierungseinrichtungen zur Führung des Zerspanvorgangs - Überwachung und Optimierung - entsprechend können AC-Systeme zunächst in Grenzregelungen (ACC) und Optimierregelungen (ACO) unterteilt werden; bei Grenzregelungen kann man weiter technologische und geometrische Grenzregelungen unterscheiden. Die Entwicklung und der gegenwärtige Stand dieser Einrichtungen werden umrissen und Definitionen zur Abgrenzung untereinander und gegenüber anderen Automatisierungseinrichtungen abgeleitet.

Um Bewertungskriterien für Grenzregelungen aufstellen zu können, werden zunächst anhand eines Modells für die Drehbearbeitung die möglichen Methoden der Führung des Zerspanvorgangs - Betriebsarten - abgeleitet und ihre kennzeichnenden Eigenschaften dargestellt. Diese Eigenschaften liefern eine erste Möglichkeit zur Beurteilung.

Einige der Betriebsarten kommen als Arbeitsprinzipien für Grenzregelungen in Betracht, wofür unterschiedlich aufgebaute Einrichtungen erforderlich sind. Die Anforderungen an Meß- und Stellglieder werden untersucht, Ausführungsformen hierzu aufgezeigt und verglichen. Der Aufwand zur Verwirklichung dieser Einrichtungen stellt einen zweiten Gesichtspunkt der Bewertung dar.

Ein weiterer Aspekt zur Beurteilung ist der wirtschaftliche Nutzeffekt einer Grenzregelung. Hierfür wird ein Verfahren für den Vergleich der möglichen Schnittzeitgewinne bei unterschiedlichen Grenzregelungen entwickelt.

Zur Ermittlung einer unabhängig von speziellen Anforderungen günstigsten Grenzregelung werden die Kriterien Schnittzeitersparnis, Aufwand für die Realisierung und Grad der Erfüllung der Überwachungs- (Grenzregel-)-Aufgabe herangezogen und auf die einzelnen Betriebsarten angewandt. Hiernach erweisen sich die Schnittkraftregelung bei konstanter Schnittgeschwindigkeit oder eine Schnittkraft-, Schnittdrehmoment- oder Schnittleistungsregelung bei konstanter Spindeldrehzahl (Stellgröße ist jeweils die Vorschubgeschwindigkeit) als besonders geeignet.

Erweitert man das zugrunde gelegte Modell für die Drehbearbeitung, so lassen sich weitere Betriebsarten ableiten, die jedoch verschiedener Einschränkungen wegen von geringerer Bedeutung sind.

Um die Entwicklung von Grenzregelungen auch für die Fräsbearbeitung zu ermöglichen, wurden Sensoren verschiedener Wirkungsweise zum Messen zerspankraftabhängiger Größen entwickelt, deren Aufbau und Eigenschaften dargestellt werden. Die Eignung des Fräsmeßdorns (eines Sensors in Werkzeugspannerbauart zum Messen von Axialkraft, Torsions- und Biegemomenten) zum indirekten Erfassen des Werkzeugverschleißzustands über das Verhältnis und die Änderungen der Meßgrößen zu ermitteln, bleibt den weiteren Untersuchungen vorbehalten.

Anhang

A 1 Berechnung des Spanungsstroms beim Längsdrehen

a) Idealer Spanungsstrom Q_0

Mit den Bezeichnungen von Bild A-1 gilt

$$Q_0 = dV / dt = 2\pi\ (r + a/2)\, a \cdot dz/dt \qquad \text{(A 1)}$$

(V = Spanungsvolumen)

und mit $dz/dt = u = s \cdot n$ wird

$$Q_0 = 2\pi\ a s n\ (r + a/2) \qquad \text{(A 2)}$$

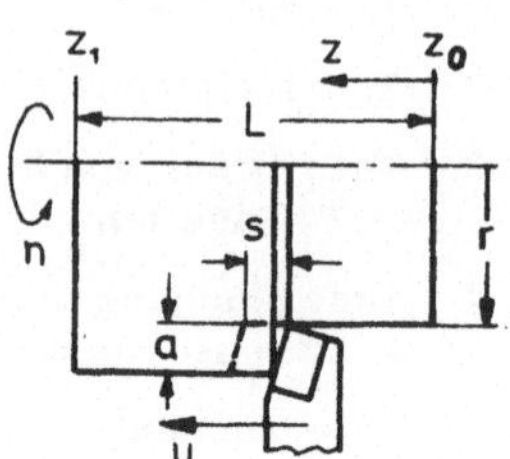

Bild A-1

Bezieht man die Schnittgeschwindigkeit auf die Mitte des Schneideneingriffs ($v = 2\pi\ n\ (r + a/2)$), ergibt sich

$$Q_0 = a \cdot s \cdot v \qquad \text{(3.10)}$$

Die gleiche Beziehung kann für beliebige Vorschubrichtungen (Plandrehen) abgeleitet werden.

b) Realer Spanungsstrom Q

Als realer Spanungsstrom wird definiert

$$Q = V / t_Q \qquad \text{(A 3),}$$

wobei sich die Bezugszeit nach

$$t_Q = t_s + \tau_W \cdot t_W \qquad \text{(A 4)}$$

aus der Schnittzeit

$$t_s = L/u = 2\pi\ L\ (r + a/2) / v \cdot s \qquad \text{(A 5)}$$

und der anteiligen Werkzeugwechselzeit $\tau_W t_W$ ergibt. Dieser Zeitanteil wird bestimmt vom Verhältnis der Schnittzeit zur gesamten Standzeit T des Werkzeugs: $\tau_W = t_s / T$.

Damit wird der reale Spanungsstrom

$$Q = V / t_Q = \frac{2\pi a L (r + a/2)}{t_s (1 + t_W/T)} = \frac{Q_0}{1 + t_W/T} \qquad \text{(3.12)}$$

Die Werkzeug-Rücklaufzeit und weitere Nebenzeiten werden als unabhängig vom jeweiligen Verfahren zur Führung des Zerspanvorgangs betrachtet und daher hier nicht berücksichtigt.

A 2 Standzeitebene [11]

Standzeitbeziehungen werden gewöhnlich in einem log v, log T-Koordinatensystem als Gerade, Geradenschar, (Parameter s), Kurve oder Kurvenschar dargestellt. Die Standzeitgleichung

$$T = C \cdot v^{-p} \cdot s^{-q} \qquad (3.15)$$

entspricht in einem räumlichen Koordinatensystem mit den Achsen log v, log s und log T einer Fläche

$$p \log v + q \log s + \log T - \log C = 0$$

und für konstante Exponenten p und q einer Ebene (Bild 3-7). p und q geben die Steigungen der Schnittgeraden der Standzeitebene mit den v, T- bzw. s, T- Achsebenen und damit die Lage der Standzeitebene an. C entspricht dem Wert von T bei Einheitswerten von v und s; damit ist indirekt der Abstand der Ebene vom Ursprung festgelegt. Die gebräuchlichen Standzeitdiagramme erhält man durch Schnitt der Standzeitebene mit Ebenen konstanten Parameters und Projektion der Schnittgeraden auf die Achsebene.

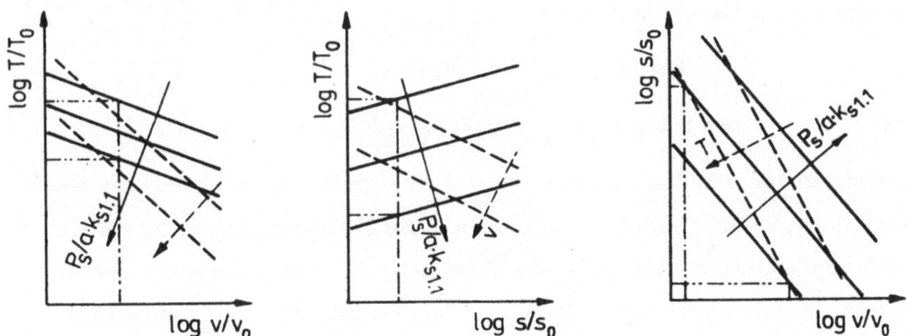

Bild A-2 : Schnittleistungs-Standzeit-Diagramme
v_0, s_0, T_0 Bezugsgrößen

Standzeituntersuchungen werden üblicherweise bei konstanten Schnittbedingungen (v und s konstant) durchgeführt, die Ergebnisse gelten nur für entsprechende Bearbeitungsfälle. Die vorgeschlagene Standzeitdarstellung kann zur Ermittlung des Standzeitverhaltens bei der Bearbeitung mit nicht konstanten Schnittbedingungen dienen, wie sie z.B. bei Grenzregelungen vorliegen. Durch Schnitt der Standzeitebene mit Ebenen konstanter Schnittleistung und entsprechende Projektion der Schnittgeraden erhält man beispielsweise für eine Schnittleistungsregelung Standzeitdiagramme der in Bild A-2 dargestellten Art. Damit kann auf einfache Weise eine Verbindung geschaffen werden zwischen bekannten Zerspandaten und erforderlichen Einstellwerten für Grenzregelungen.

A 3 Ermittlung von Standzeitexponenten aus v, T-Tabellen

Der in [1] wiedergegebenen Wertetafel (Schnittgeschwindigkeiten für drei Standzeitwerte bei verschiedenen Vorschüben) werden für jede zum Schruppen brauchbare Werkstoff-Schneidstoff-Paarung drei Wertetripel

$$v_i,\ s_i,\ T_i \,\Big|\, i = 1 \dots 3$$

entnommen, die eine Gleichung (nach Gl. 3.15)

$$v_i^p \cdot s_i^q \cdot T_i = C \,\Big|\, i = 1 \dots 3$$

befriedigen müssen. Mit $s_1 = s_2 \neq s_3$ und $T_2 = T_3 \neq T_1$ erhält man die gesuchten Exponentenwerte aus

$$p = \log (T_1/T_2) \,/\, \log (v_2/v_1) \qquad (A\ 6)$$

und

$$q = p \cdot \log (v_2/v_3) \,/\, \log (s_3/s_2) \qquad (A\ 7)$$

Abweichungen von den den Tafelwerten zugrunde liegenden Parameterwerten (a, κ, W_{gr}) wirken sich nur auf die Konstante C, nicht auf p und q aus. Voraussetzung für die Gültigkeit der berechneten Werte auch außerhalb des Standzeitbereichs der Tabelle ist, daß die Standzeitfläche nur wenig von der angenommenen Ebene abweicht. Die Ergebnisse sind in Bild A-3 zusammengestellt.

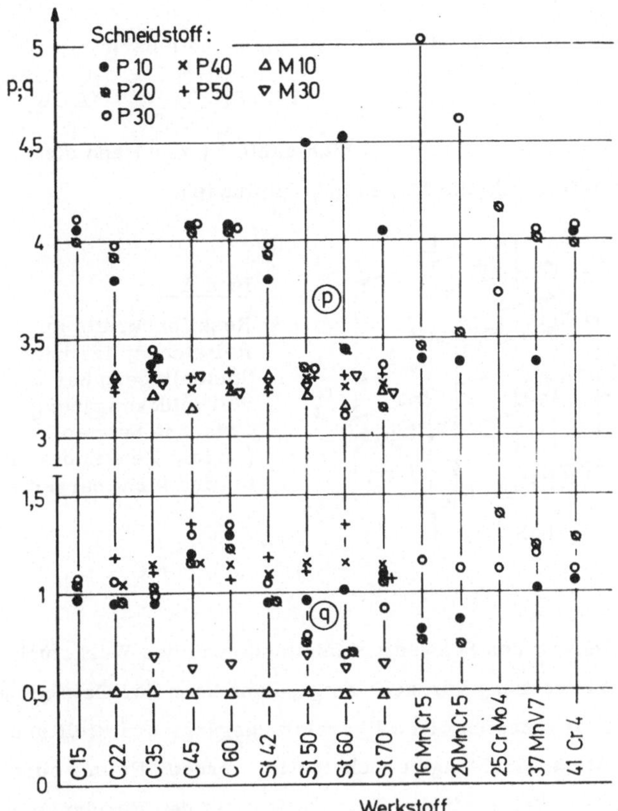

Bild A-3: Standzeitexponenten

A 4 Untersuchung der Eigenschaften von Schnittkraftsensoren an der Reitstockspitze

Betrachtet wird die in Bild A-4 skizzierte Anordnung. Das Werkstück (Länge L) sei zwischen Spitzen gespannt, das Antriebsdrehmoment werde querkraftfrei (über Gesperre- oder Stirnseitenmitnehmer) übertragen. An der Wirkstelle (Radius r, Längskoordinate z) greifen die Zerspankraftkomponenten F_s, F_V und F_P (Schnitt-, Vorschub- und Rückkraft) an. Das Werkstückgewicht G_W wirke im Schwerpunktabstand l_{SW}.

Auf die Reitstockspitze wirken die Kräfte

$$F_{h\,RS} = F_V \cdot r/L - F_P(1-z/L) \qquad \text{(A 8)}$$

$$F_{v\,RS} = G_W \cdot l_{SW}/L - F_s(1-z/L) \qquad \text{(A 9).}$$

Die Schnittkraft kann aus der vertikalen Kraftkomponente nach

$$F_s = (G_W \cdot l_{SW}/L - F_{v\,RS}) \,/\, (1-z/L) \qquad \text{(A 10)}$$

bestimmt werden, wobei der variable Gewichtsanteil (s.u.) und die sich verschiebende Wirkstelle die Messung beeinflussen.

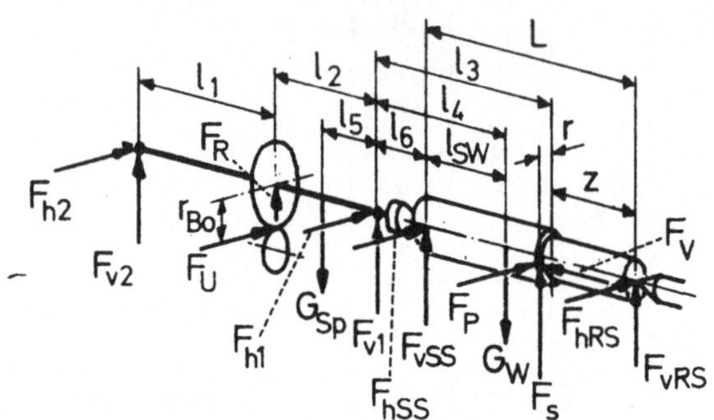

Bild A-4 :

Reaktionskräfte an Reitstockspitze und Spindellagern bei Werkstückspannung zwischen Spitzen (axiale Reaktionskräfte sind nicht dargestellt)

a) Gewichtsanteil

Wird die Veränderlichkeit des Schwerpunktabstands und des Werkstückgewichts durch die Zerspanung vernachlässigt, dann kann der Gewichtsanteil $F_G = G_W \cdot l_{SW}/L$ vor Beginn eines Bearbeitungsgangs ermittelt und durch Abgleich der Meßeinrichtung berücksichtigt werden. Beim Abdrehen einer zylindrischen Welle mit der Schnittiefe a auf den Durchmesser 2r nimmt der Gewichtsanteil an der vertikalen Reitstockkraft nach

$$\frac{F_{G\ \text{nach Bearbeitung}}}{F_{G\ \text{vor Bearbeitung}}} = \frac{1}{[1+(a/r)]^2}$$

für a/r = 0,1 auf rd. 83 %, für a/r = 0,2 auf rd. 70 % des Ausgangswerts ab. Die Vernachlässigung ist daher bei ungünstigem Verhältnis Gewichtskraft zu Schnittkraft nicht immer zulässig.

b) Lage des Schnittorts

Für konstantes F_G wird die Empfindlichkeit der Schnittkraftmeßeinrichtung

$$dF_{v\,RS} \,/\, dF_s = -(1-z/L) \qquad \text{(A 11)}$$

abhängig von der Werkstücklänge und der Lage des Bearbeitungsorts; z und L müßten erfaßt und der Meßwert $F_{v\,RS}$ korrigiert werden.

A 5 Untersuchung der Eigenschaften von Schnittkraftsensoren an der Spindellagerung

a) Reaktionskräfte an den Spindellagern bei Werkstückspannung im Futter

Die Spindel werde über ein Bodenrad angetrieben, an dem die Umfangskraft F_U am Teilkreisradius r_{Bo} und die Radialkraft F_R wirken (Bild A-5). Im Abstand l_5 vom vorderen Lager greife das Gewicht von Spindel und Futter an; l_4 sei der veränderliche Schwerpunktabstand des Werkstücks; l_3 bezeichne die Lage der Wirkstelle.

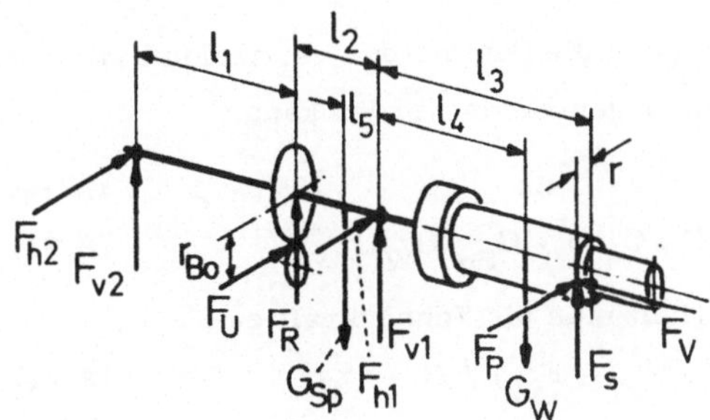

Bild A-5 : Reaktionskräfte an den Spindellagern bei Werkstückspannung im Futter (axiale Reaktionskräfte sind nicht dargestellt)

Die horizontalen (h) und vertikalen (v) Reaktionskräfte am vorderen (1) und hinteren (2) Spindellager sind:

$$F_{h1} = -\left(1+\frac{l_3}{l_1+l_2}\right) F_P - \frac{l_1}{l_1+l_2} F_U + \frac{r}{l_1+l_2} F_V \qquad \text{(A 12)}$$

$$F_{v1} = -\frac{l_1}{l_1+l_2} F_R - \left(1+\frac{l_3}{l_1+l_2}\right) F_s + \left(1+\frac{l_4}{l_1+l_2}\right) G_W + \left(1-\frac{l_5}{l_1+l_2}\right) G_{Sp} \qquad \text{(A 13)}$$

$$F_{h2} = \frac{l_3}{l_1+l_2} F_P - \frac{l_2}{l_1+l_2} F_U - \frac{r}{l_1+l_2} F_V \qquad \text{(A 14)}$$

$$F_{v2} = -\frac{l_2}{l_1+l_2} F_R + \frac{l_3}{l_1+l_2} F_s - \frac{l_4}{l_1+l_2} G_W + \frac{l_5}{l_1+l_2} G_{Sp} \qquad \text{(A 15)}$$

Ohne Reibmomente gilt

$$F_U = F_s \, r/r_{Bo} \qquad \text{(A 16)}$$

und mit α_Z als Eingriffswinkel der Verzahnung

$$F_R = F_s \tan \alpha_Z \cdot r/r_{Bo} \tag{A 17}$$

Die horizontalen Lagerkräfte werden von allen drei Zerspankraftkomponenten beeinflußt, die vertikalen nur von der Schnittkraft und den Gewichtskraftanteilen. Die Schnittkraft wird

$$F_s = \frac{G_W\left(1+\frac{l_4}{l_1+l_2}\right) + G_{Sp}\left(1-\frac{l_5}{l_1+l_2}\right) - F_{v1}}{1+\frac{l_3}{l_1+l_2}+\frac{l_1}{l_1+l_2}\cdot \tan\alpha_Z \cdot \frac{r}{r_{Bo}}} \tag{A 18}$$

Für konstante Gewichtskraftanteile F_G' erhält man mit den Maschinenkonstanten

$$C_2 = 1/(l_1 + l_2) \; ; \; C_3 = l_1/(l_1 + l_2) \; ; \; C_4 = \tan \alpha_Z/r_{Bo}$$

die gesuchte Schnittkraft zu

$$F_s = (F_G' - F_{v1}) \; / \; (1 + C_2 l_3 + C_3 C_4 r) \tag{A 19}$$

Vereinfachungen ergeben sich, wenn die Summe der vertikalen bzw. horizontalen Lagerkräfte beider Lager gemessen werden kann:

$$F_{h1} + F_{h2} = -F_P - F_s \cdot r/r_{Bo} \tag{A 20}$$

$$F_{v1} + F_{v2} = -F_s(1 + C_4 r) + G_{Sp} + G_W \tag{A 21}$$

Aus der Vertikalkraftsumme erhält man die Schnittkraft zu

$$F_s = (G_{Sp} + G_W - F_{v1} - F_{v2}) \; / \; (1 + C_4 \cdot r) \tag{A 22}$$

Für konstant angenommenes Werkstückgewicht wird die Empfindlichkeit

$$d(F_{v1} + F_{v2}) \; / \; dF_s = -(1 + C_4 \cdot r) \tag{A 23}$$

Die Messung ist daher unabhängig vom Schnittort; nach der Gewichtstarierung ist nur noch eine Korrektur mit dem Drehradius erforderlich. Bei anderen als den angenommenen Antriebsverhältnissen (Lage des Bodenradritzels in bezug zur Spindelachse) gilt in Gl. A 19, A 21, A 22 und A 23 eine andere Maschinenkonstante.

Zum Erfassen der Schnittkraft über die Reaktionskräfte der Spindellager ist es daher zweckmäßig, die Lagerkräfte an beiden Radiallagern zu messen.

b) Reaktionskräfte an den Spindellagern bei Werkstückspannung zwischen Spitzen

Für den in Bild A-4 skizzierten Fall der Einspannung wird die Summe der vertikalen Lagerkräfte

$$F_{v1} + F_{v2} = -F_s(C_4 \cdot r - z/L) - G_W(L - l_{SW})/L + G_{Sp} \qquad \text{(A 24)}$$

so daß für konstant angenommenen Gewichtsanteil

$$F_G \approx G_{Sp} - G_W\,(1 - l_{SW}/L)$$

die Empfindlichkeit

$$d(F_{v1} + F_{v2}) \,/\, dF_s = -(C_4 \cdot r - z/L) \qquad \text{(A 25)}$$

beträgt, also sowohl (wie im Fall der Futtereinspannung) vom Drehradius als auch zusätzlich von Werkstücklänge und Bearbeitungsort abhängt. Bei dieser Art der Werkstückspannung ist daher die Schnittkraft nur mit erheblichem Korrekturaufwand meßbar.

A 6 Einfluß des Beschleunigungsmoments beim Plandrehen auf die Drehmomentmessung

Beim Plandrehen mit konstanter Schnittgeschwindigkeit v und konstantem Vorschub s wird das erforderliche Drehmoment M_B zum Beschleunigen oder Abbremsen des Massenträgheitsmoments J :

$$M_B = J \cdot d\omega \,/\, dt \qquad \text{(4.1)}$$

Mit $u = dr/dt = n \cdot s$ und $n = v/2\pi r$ ergibt sich

$$M_B = J\, 2\pi\, dn/dt = -\frac{v^2 s}{2\pi r^3} \cdot J \qquad \text{(A 26)}$$

Bei kleinen Drehradien, also kleinen Schnittdrehmomenten, treten große Beschleunigungsmomente auf. Mit $v = 2$ m/s, $s = 1$ mm, $J = 0{,}7$ Nms^2 (dies entspricht einem üblichen Spannfutter mit 315 mm Außendurchmesser und einem zylindrischen Werkstück aus Stahl mit 150 mm Durchmesser und 800 mm Länge) erhält man bei einem

Drehradius von	$r =$	10	16	20	50	mm
ein Beschleunigungsmoment	$M_B =$	445	110	56	3,6	Nm
und ein Schnittdrehmoment	$M_s =$	100	160	200	500	Nm

bei einer Schnittkraft von $F_s = 10^4$ N. Die Beschleunigungsleistung beträgt für dieses Beispiel

$P_B = -v^3 s J / 2\pi r^4$	=	89	13,7	5,6	0,14	kW,

die Schnittleistung $P_s = 20$ kW.

A 7 Entwicklung von Diagrammen für den Anfahrvorgang

a) Exponentielle Abnahme der Vorschubgeschwindigkeit

u_0 = Anfahrgeschwindigkeit

T_A = Totzeit von Sensor, Steuerung, Antrieb

T = Abbremszeitkonstante

s^* = maximal zugelassener Vorschub

T_U = Zeit für eine Werkstückumdrehung

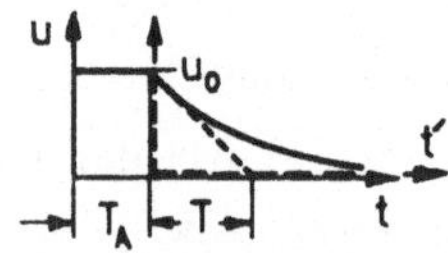

Bild A-6

Vorschubgeschwindigkeit für $0 < t < T_A$: $u = u_0$

für $t > T_A$: $u = u_0 \cdot e^{-t'/T}$

Vorschub: Fall 1 $T_U \leq T_A$: $s = u_0 T_U$, daraus

$$u_{0\,zul} = s^*/T_U = s^* \cdot n \qquad \text{(A 27)}$$

Fall 2 $T_U > T_A$: $s = u_0 T_A + \int_0^{T_U - T_A} u_0\, e^{-t'/T} dt'$

$$= u_0 \left[T_A + T(1 - e^{-(T_U - T_A)/T})\right] \qquad \text{(A 28)}$$

daraus $u_{0\,zul} = s^* / \left[T_A + T(1 - e^{-(T_U - T_A)/T})\right]$ (A 28)

Bezieht man $u_{0\,zul}$ auf das Produkt $n \cdot s^*$, die Totzeit auf die Werkstückumdrehungszeit T_U und die Zeitdifferenz $T_U - T_A$ auf die Abbremszeitkonstante, erhält man die Größen

$$U = u_{0\,zul}/n s^* ; \quad \tau_A = T_A/T_U ; \quad \tau = (T_U - T_A)/T$$

und damit

(Fall 1) für $\tau_A \geq 1$: $U = 1$

(Fall 2) für $\tau_A < 1$: $U = 1/\left[\tau_A + (1 - \tau_A)(1 - e^{-\tau})/\tau\right]$

Diese Beziehungen können in einem für beide Fälle gültigen Diagramm $U = U(\tau)$, Parameter τ_A , dargestellt werden (Bild 4-7).

Anwendungsbeispiel: $n = 80\ min^{-1}$, $T_U = 0{,}75$ s, $T_A = 0{,}3$ s, $T = 0{,}25$ s; gesucht: zulässige Anfahrgeschwindigkeit für $s^* = 1$ mm .

Mit $\tau_A = 0{,}4$; $\tau = 1{,}8$ aus Diagramm 4-7 : $U \approx 1{,}5$, damit $u_{0\ zul} = U \cdot n \cdot s^* \approx 120$ mm/min.

b) <u>Lineare Abnahme der Vorschubgeschwindigkeit</u>

T_B = Abbremszeit = u_0/a_A
a_A = Verzögerung
andere Bezeichnungen wie bei a)
Vorschubgeschwindigkeit

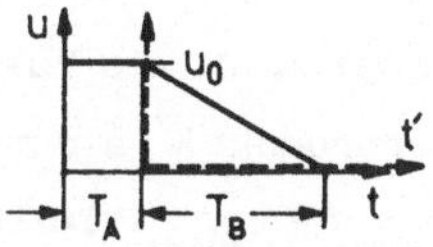

für $0 < t < T_A$: $u = u_0$

für $t > T_A$: $u = u_0 - a_a t'$

Bild A-7

Vorschub Fall 1 $T_U \leqq T_A$: $s = u_0 T_U$, daraus $u_{0\ zul} = n \cdot s^*$ (A 29)

Fall 2 $T_A < T_U < (T_A + T_B)$: $s = u_0 T_A + \int_0^{T_U - T_A} (u_0 - a_A t')\, dt'$

$$= u_0 T_U - a_A (T_U - T_A)^2/2$$

daraus $u_{0\ zul} = s^* \cdot n + a_A (T_U - T_A)^2 / 2\, T_U$ (A 30)

Fall 3 $T_U > (T_A + T_B)$: $s = u_0 T_A + \int_0^{T_B} (u_0 - a_A t')\, dt'$

$$= u_0 T_A + u_0^2 / 2 \cdot a_A$$

daraus $u_{0\ zul} = -a_A T_A + \sqrt{(a_A T_A)^2 - 2 a_A s^*}$ (A 31)

Durch Einführen der bezogenen Größen $U = u_{0\ zul}/n \cdot s^*$; $\tau_A = T_A/T_U$ und $\alpha_B = a_A/s^* \cdot n^2 = a_A \cdot T_U^2/s^*$ erhält man:

(Fall 1) für $\tau_A \geqq 1$: $U = 1$

(Fall 2) für $\tau_A < 1$ und $(\tau_A^2 + 2/\alpha_B) > 1$: $U = 1 + \alpha_B (1 - \tau_A)^2/2$

(Fall 3) für $\tau_A < 1$ und $(\tau_A^2 + 2/\alpha_B) < 1$: $U = -\alpha_B \tau_A + \sqrt{(\alpha_B \tau_A)^2 + 2\alpha_B}$

Alle drei Fälle können in einem Diagramm $U = U(\alpha_B)$, Parameter τ_A, dargestellt werden (Bild 4-8).

Anwendungsbeispiel: $n = 300\ \text{min}^{-1}$; $T_U = 0{,}2$ s, $T_A = 0{,}05$ s. Gesucht: erforderliche Verzögerung für $s^* = 1$ mm bei $u_0 = 1000$ mm/min.
Mit $\tau_A = 0{,}25$, $U = 3{,}33$ aus Diagramm 4-8 : $\alpha_B \approx 33$, damit
$a_A = \alpha_B \cdot s^*/T_U^2 \approx 0{,}825\ \text{m/s}^2$.

A 8 Bewertung der Betriebsarten nach der Variabilität der Kenn- und Bearbeitungsgrößen

Es sei während eines Bearbeitungsschritts:

$$a_{max}/a_{min} = 10;\ r_{max}/r_{min} = 10;\ k_{s\ max}/k_{s\ min} = 2.$$

Dann ist z. B. die Variabilität der Kenngröße P_s bei der BA 7 (Parameterprodukt $k_s \cdot a \cdot r$ nach Tabelle 3-II) :

$P_{s\ max}/P_{s\ min} = 10 \cdot 10 \cdot 2 = 200$; analog
$M_{s\ max}/M_{s\ min} = 10$
$F_{s\ max}/F_{s\ min} = 1$
$s_{max}/s_{min} = 2 \cdot 10 = 20$
$v_{max}/v_{min} = 2 \cdot 10 \cdot 10 = 200$.

Wird die Variabilität der Kenngrößen doppelt so stark gewichtet wie die der Bearbeitungsgrößen, erhält man für die Variabilitätskennziffer der BA 7 den Wert

$$20 + 200 + 2(1 + 10 + 200) = 642.$$

Bild A-8 zeigt als Beispiel die Rangfolge der BA aufgrund der Variabilitätskennziffern mit den Gewichtungsfaktoren

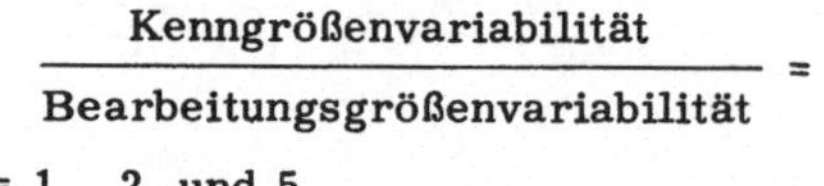

$$\frac{\text{Kenngrößenvariabilität}}{\text{Bearbeitungsgrößenvariabilität}} =$$

= 1, 2 und 5.

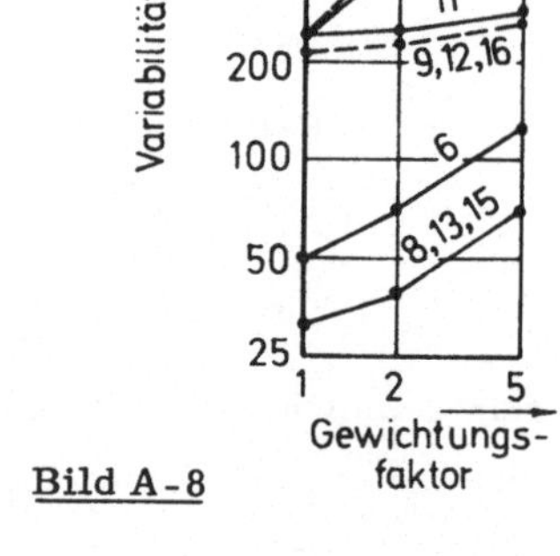

Bild A-8

A 9 Berechnungen zum Bearbeitungszeitvergleich

a) Maximalwertberechnung

Die Funktion (Schnittiefe a · Drehradius r) in Abhängigkeit von der Drehlänge z hat für Bearbeitungselemente vom Typ II (Bild 5-2) ein relatives Maximum. Aus $d(a(z) \cdot r(z))/dz = 0$

mit a(z) und r(z) aus den Gl. 5.1 und 5.2 erhält man die Längskoordinate für den Maximalwert $(a \cdot r)_{max}$ zu

$$z_m = \frac{z_1}{2}\left(\frac{a_0}{a_0 - a_1} + \frac{r_0}{r_0 - r_1}\right) \qquad \text{(A 32)}$$

Die Funktion $(a \cdot r)$ ist nur sinnvoll für $0 < z_m < z_1$; dies entspricht dem Bereich

$$2 - \frac{r_1}{r_0} < \frac{a_1}{a_0} < \frac{r_1}{2r_1 - r_0} \quad ,$$

für den Maximalwert gilt $(a \cdot r)_{max} = (a_0 r_1 - a_1 r_0)^2 / 4 (a_0 - a_1)(r_1 - r_0)$

Außerhalb dieses Bereichs gilt (A 33)

für $\frac{a_1}{a_0} < 2 - \frac{r_1}{r_0}$: $(a \cdot r)_{max} = a_0 r_0$

für $\frac{a_1}{a_0} > \frac{r_1}{2r_1 - r_0}$: $(a \cdot r)_{max} = a_1 r_1$

b) Schnittzeitvergleich

Die Tabellen A-I und A-II enthalten für die zu untersuchenden Betriebsarten die Werte für Drehradius, Schnittiefe oder das Produkt dieser Größen, die für einen Vergleich mit der konventionellen Bearbeitung zugrunde zu legen sind, sowie als Vergleichsgröße das Verhältnis der Schnittzeiten $t_s/t_{s,k}$. Zur Abkürzung sind verwendet : $\varrho = r_0/r_1$, $\alpha = a_0/a_1$, $\alpha' = a_1/a_0$. Die ermittelten Funktionen sind in den Bildern 5-5 und 5-6 als Kurvenzüge $t_s/t_{s,k} = f(\varrho)$, Parameter α bzw. α' grafisch dargestellt.

BA	Vergleichspunkt	$t_s/t_{s,k}$
5	$r_{max} = r_1$	$(\varrho+1)/2$
6	$a_{max} = a_1$	$(\alpha+1)/2$
8	$a_m \cdot r_m = a_1 r_1$	$\frac{2\alpha\varrho + \alpha + \varrho + 2}{6}$
9	$(a \cdot r)_m = a_1 r_1$	
12 .. 16	$(a \cdot r)_m = a_1 r_1$	
11	$(ar)_m \cdot r_m = a_1 r_1^2$	$\frac{(1+\alpha)(1+\varrho)^2 + 2\alpha\varrho^2 + 2}{12}$

Tabelle A-I : Vergleichspunkt und Vergleichsfunktion für Bearbeitungselemente Typ I

BA	Vergleichspunkt	$t_s/t_{s,k}$
5	r_1	$\frac{\varrho+1}{2}$
6	a_0	$\frac{\alpha'+1}{2}$
8	$a_0 r_1$	$\frac{\varrho\alpha'+2\varrho+1+2\alpha'}{6}$
9	$\frac{a_1}{a_0} < 2-\frac{r_1}{r_0} \rightsquigarrow a_0 r_0$	$\frac{\varrho\alpha'+2\varrho+1+2\alpha'}{6\varrho}$
12 ..	$2-\frac{r_1}{r_0} < \frac{a_1}{a_0} < \frac{r_1}{2r_1-r_0} \rightsquigarrow \frac{(a_0 r_1 - a_1 r_0)^2}{4(a_0-a_1)(r_1-r_0)}$	$\frac{2(1-\alpha')(1-\varrho)}{3(1-\alpha'\varrho)^2}(\varrho\alpha'+2\varrho+1+2\alpha')$
16	$\frac{a_1}{a_0} > \frac{r_1}{2r_1-r_0} \rightsquigarrow a_1 r_1$	$\frac{\varrho\alpha'+2\varrho+1+2\alpha'}{6\alpha'}$
11	$\frac{a_1}{a_0} < 2-\frac{r_1}{r_0} \rightsquigarrow a_0 r_0 r_1$	$\frac{(1+\alpha')(1+\varrho)^2+2\varrho^2+2\alpha'}{12\varrho}$
	$2-\frac{r_1}{r_0} < \frac{a_1}{a_0} < \frac{r_1}{2r_1-r_0} \rightsquigarrow \frac{(a_0 r_1 - a_1 r_0)^2 r_1}{4(a_0-a_1)(r_1-r_0)}$	$\frac{(1-\alpha')(1-\varrho)}{3(1-\alpha'\varrho)^2}\left[(1+\alpha')(1+\varrho)^2+2\varrho^2+2\alpha'\right]$
	$\frac{a_1}{a_0} > \frac{r_1}{2r_1-r_0} \rightsquigarrow a_1 r_1^2$	$\frac{(1+\alpha')(1+\varrho)^2+2\varrho^2+2\alpha'}{12\alpha'}$

Tabelle A-II : Vergleichspunkt und Vergleichsfunktion für Bearbeitungselemente Typ II

A 10 Abhängigkeit der Schnittemperatur von den Bearbeitungsgrößen

Die Abhängigkeit der Schnittemperatur ϑ von den Bearbeitungsgrößen Schnittgeschwindigkeit v und Vorschub s wird häufig durch die Beziehung

$$\vartheta = K_1 \cdot v^{K_2} \cdot s^{K_3} \qquad (6.3)$$

dargestellt, für die Exponenten wird angegeben

K_2	K_3	Gültigkeitsbereich	Quelle
1	1	ohne Angabe	[71]
0,5	0,5	ohne Angabe	[20]
0,5	0,375	HSS	[19]
0,2	0,14	HM	[19]
0,237	0,133	HM K-3H/Stahl SAE 1048	[62]
0,268	0,161	HM P 20/Stahl Ck 53 N	[10]

A 11 Verfahren zur Messung des Werkzeugverschleißes

In Tabelle A-III (Seite 133) sind einige Beispiele für Verfahren zum Erfassen des Werkzeugverschleißes zusammengestellt.

1. direkt, kontinuierlich	1.1 geometrisch	Differenz der Signale je eines Meßtasters am nichtschneidenden Teil der Freifläche und an der erzeugten Schnittfläche	[92]
	1.2 pneumatisch	Differenzdruckmessung, Düse im Werkzeug, Abstand zur erzeugten Schnittfläche am Wst.	[91]
	1.3 elektrisch	El. Widerstand eines auf Freifläche aufgedampften Leiters ändert sich bei teilweisem Abtrag durch die Verschleißmarke	[86]
	1.4 akustisch	Reflexion durch Werkzeugschaft laufender Ultraschallimpulse an der Freifläche (Laufzeit, Reflexionswinkel, Amplitude)	[86]
2. direkt, intermittierend	2.1.1 pneumatisch	Differenzdruckmessung Düse von außen am Wz. positioniert, Abstand zur Verschleißmarke	[91]
	2.1.2 pneumatisch (geometr.)	Verschiebewegmessung; Druckänderung nur als Indikator für Kante Freifläche/Verschl.-marke	[53]
	2.2.1 optisch	Lichtreflexionsunterschied Freifläche/Verschleißmarke, Auswertung mit Fernsehröhre (Hellzeilen des Fernsehbilds)	[92]
	2.2.2 optisch	Lichtreflexionsunterschied, bewegliche faseroptische Lichtleiteinrichtung, Auswertung mit Fotometer	[55]
	2.3 elektrisch	Änderung des Kontaktwiderstands Werkzeug/Werkstück mit der Kontaktfläche (Verschleißmarke	[36]
3. indirekt, kontinuierlich	3.1 Zerspankraft	Änderung der Zerspankraft oder deren Komponenten mit dem Verschleißzustand; Erfassen mit Zerspankraftmeßeinrichtung	[8, 83, 92]
	3.2 Schwingungen	Analyse der Werkzeugschwingungen, Verhältnis der Schwingungsenergien zweier Frequenzbereiche ist abhängig vom Freiflächenverschl.	[93]
	3.3 Schnitttemperatur	Nach empirischer Funktion $\dot{W}=f(v, s, \vartheta)$	[36]
	3.4 mehrere Meßgrößen	Nach empirischer Funktion $\dot{W}=f(Q, \vartheta)$	[52]

Tabelle A-III : Verfahren zur Messung des Werkzeugverschleißes

A 12 Analogrechenschaltung zur Berechnung des Gesamtbiegemoments aus den beiden Komponenten

Nach Gl. 7.3 gilt für das Gesamtbiegemoment $M_b = \sqrt{M_{b1}^2 + M_{b2}^2}$, wobei M_{b1} und M_{b2} die gemessenen Komponenten darstellen. Eine gebräuchliche Analogrechenschaltung mit zwei Multiplizierern zum Quadrieren der Meßgrößen und einer Radizierschaltung mit drittem Multiplizierer und offenem Verstärker [4] erwies sich wegen Instabilität und mangelnder Genauigkeit zum Einsatz mit dem Sensor als ungeeignet.

M_b kann nach [22] , S. 60, angenähert werden durch

$$M_b \approx \widetilde{M}_b = 0{,}96\ M_{b1} + 0{,}398\ M_{b2} \qquad \text{für } M_{b1} > M_{b2}$$

und analog

$$= 0{,}96\ M_{b2} + 0{,}398\ M_{b1} \qquad \text{für } M_{b1} < M_{b2}\ .$$

Bild A-12 (Seite 138) zeigt im rechten Teil die danach aufgebaute Rechenschaltung (im Bild für $F_{id} \approx 0{,}96\ F_{id\,x} + 0{,}398\ F_{id\,y}$ dargestellt). Sie enthält eine Schaltung zur Betragsbildung in üblicher Art und eine Komparatorschaltung, die bewirkt, daß stets der größere der Werte M_{b1} oder M_{b2} in der nachfolgenden Schaltung zur Verwirklichung der Funktion mit dem Faktor 0,96 bewertet wird. Bild A-9 zeigt den Vergleich zwischen der geometrischen Summe und der Annäherung (im Diagramm ist $M_1 = M_{b1}/M_{max}$ und $M_2 = M_{b2}/M_{max}$); der relative Fehler liegt stets unter 0,04.

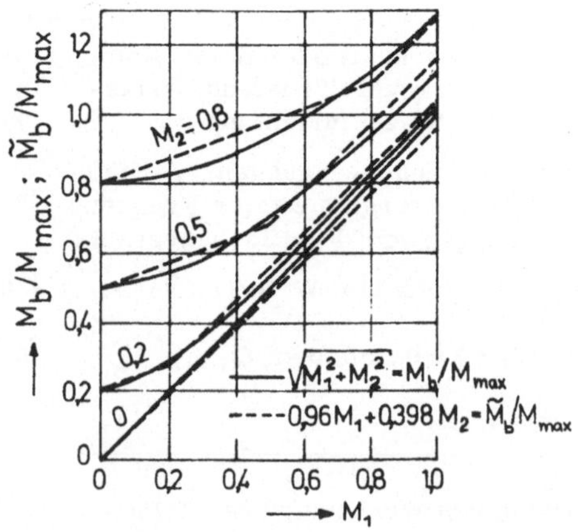

Bild A-9 :

Näherungsgleichung für die geometrische Summe

A 13 Empfindlichkeit und Meßbereich des Fräsmeßdorns

a) Aufnehmerempfindlichkeit

Unter Aufnehmerempfindlichkeit wird das sich aufgrund der Abmessungen des Aufnehmerkörpers ergebende Verhältnis von elastischer Verformung (Dehnung) zu verursachender Meßgröße verstanden.

Torsion : $d\varepsilon_{45°}/dM_t = 1/2\,G\cdot W_t \approx 0{,}27\cdot 10^{-6}\ (\mathrm{Nm})^{-1}$

Biegung : $d\varepsilon_b\ /\ dM_b = 1/\ E\cdot W_b \approx 0{,}42\cdot 10^{-6}\ (\mathrm{Nm})^{-1}$

Kraft : $d\varepsilon_a\ /dF_a = 1/\ E\cdot S \approx 0{,}0033\cdot 10^{-6}\ \mathrm{N}^{-1}$

b) Sensor-Meßempfindlichkeit

Als Sensor-Meßempfindlichkeit wird das sich aufgrund der Eigenschaften der ausgeführten DMS-Anordnung und -Verschaltung ergebende Verhältnis von (Ausgangs- durch Eingangsspannung der DMS-Brückenschaltung) zu verursachender Meßgröße bezeichnet.

Torsion : $U_A/U_E = k\cdot\varepsilon_{45°}$, damit $d(U_A/U_E)/dM_t \approx 0{,}548\cdot 10^{-6}\ (\mathrm{Nm})^{-1}$

Biegung : $U_A/U_E = 0{,}5(1+\mu)k\cdot\varepsilon_b$, damit

$$d(U_A/U_E)/dM_b \approx 0{,}547\cdot 10^{-6}\ (\mathrm{Nm})^{-1}$$

Kraft : $U_A/U_E = 0{,}5(1+\mu)k\cdot\varepsilon_a$, damit

$$d(U_A/U_E)/dF_a \approx 0{,}00425\cdot 10^{-6}\ \mathrm{N}^{-1}$$

c) Maximaler Meßwert

Als maximaler Meßwert wird der Wert der Meßgröße angegeben, für den die Dehnung $\varepsilon = 10^{-3}$ beträgt (Grenzwert für DMS).

d) Minimaler Meßwert

Als minimaler Meßwert wird der Wert der Meßgröße angegeben, für den das Spannungsverhältnis $U_A/U_E = 10^{-6}$ beträgt.

In diesen Beziehungen ist:

G = Schubmodul	W_t = Torsionswiderstandsmoment
E = Elastizitätsmodul	W_b = Biegewiderstandsmoment
μ = Querzahl	S = Querschnitt
k = Dehnungsempfindlichkeit des DMS	U_A = Meßspannung der DMS-Brücke
	U_E = Eingangsspannung der DMS-Brücke

A 14 Dehnungsübersetzer

Es gelten die Beziehungen (Bild A-10):

$M_t = M_{Sp} + M_{Vo}$, $M_{Vo} = M_H = M_M$,

$\varphi_{Sp} = \varphi_{Vo} = \varphi_H + \varphi_M$,

$\varphi_M = \frac{M_M \cdot l}{G \cdot I_M}$, $\varphi_H = \frac{M_H (L-l)}{G \cdot I_H}$, $\varphi_{Sp} = \frac{M_{Sp} \cdot L}{G \cdot I_{Sp}}$

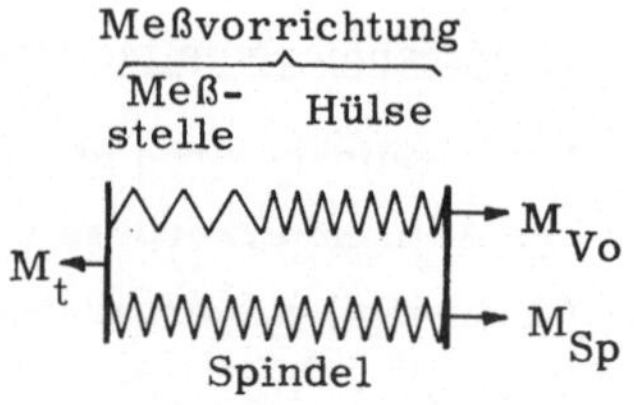

φ = Torsionswinkel

I = polares Flächenträgheitsmoment

G = Schubmodul

Meßvorrichtung

Meß-stelle Hülse

M_t M_{Vo} M_{Sp}

Spindel

Bild A-10

Indizes: Sp = Spindel, Vo = Vorrichtung, H = Hülse, M = Meßstelle

Für nicht unendlich steife Hülse erhält man aus

$$\varphi_{Sp} = \varphi_M \left(1 + \frac{\varphi_H}{\varphi_M}\right) = \varphi_M \left(1 + \frac{I_M}{I_H} \cdot \frac{L-l}{l}\right) \tag{A 34}$$

und

$$M_t = (G \cdot I_{Sp} \cdot \varphi_{Sp})/L + (G \cdot I_M \cdot \varphi_M)/l \tag{A 35}$$

die Verdrillung der Meßstelle zu

$$\varphi_M = \frac{M_t}{G\left[\frac{I_{Sp}}{L}\left(1 + \frac{I_M}{I_H} \cdot \frac{L-l}{l}\right) + \frac{I_M}{l}\right]} \tag{A 36}$$

Die der Schiebung proportionale meßbare Dehnung unter 45° zur Achse wird

$$\varepsilon_{45°} = \frac{\gamma}{2} = \frac{\varphi_M (d_M + 2h)}{4l} = \frac{M_t}{4G} \cdot \frac{d_M + 2h}{I_M + I_{Sp}\left[\frac{l}{L} + \frac{L-l}{L} \cdot \frac{I_M}{I_H}\right]} \tag{A 37}$$

Bei der Messung direkt auf der Spindel betrüge die meßbare Dehnung

$$\varepsilon_{45° Sp} = \frac{M_t}{4G} \cdot \frac{d_{Sp}}{I_{Sp}}$$

Das Übersetzungsverhältnis wird also

$$ü = \frac{\varepsilon_{45°}}{\varepsilon_{45° Sp}} = \frac{d_M + 2h}{d_{Sp}} \cdot \frac{1}{\frac{l}{L} + \frac{I_M}{I_{Sp}} + \frac{I_M}{I_H}\left(1 - \frac{l}{L}\right)} \tag{A 38}$$

Für starre Hülse und torsionsweiche Meßstelle ($I_M \ll I_H$, $I_M \ll I_{Sp}$, $h \ll d_M$) gilt in erster Näherung:

$$ü \approx \frac{d_M}{d_{Sp}} \cdot \frac{L}{l} \tag{A 39}$$

A 15 Berechnung der ideellen Abdrängkraft

Der Verlauf der Zerspankraftkomponenten einer Fräserschneide über dem Schnittwinkel (Vorschubrichtungswinkel) φ sei gegeben durch

$F_t(\varphi) = F_t^* \cdot \sin\varphi$ (Tangentialkraft)
$F_r(\varphi) = F_r^* \cdot \sin\varphi$ (Radialkraft)
$F_a(\varphi) = F_a^* \cdot \sin\varphi$ (Axialkraft)

F_t^*, F_r^* und F_a^* sind die Maximalwerte der Komponenten bei $\varphi = 90°$. Der Exponent der genaueren Zerspankraftbeziehung

$$F_i(\varphi) = F_i^* \cdot (\sin\varphi)^{1-c_i} \Big|_{i=t,\,r,\,a}$$

wird dabei gleich 1 gesetzt.

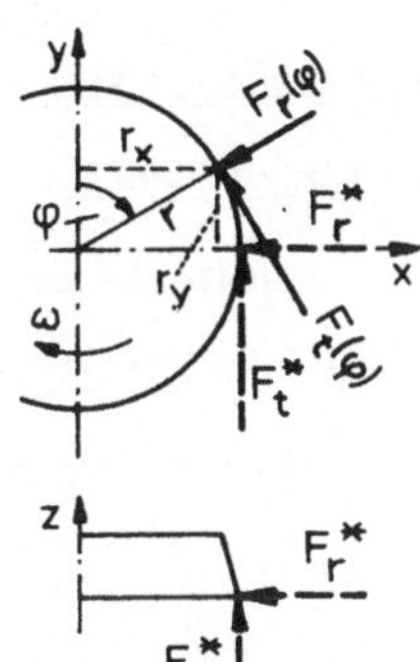

Bild A-11

Die Kraftkomponenten bewirken Biegemomente in der x- und y-Ebene
(A = Abstand Schneidenebene - Meßebene)

$$M_{bt}(\varphi)_x = F_t(\varphi)_x \cdot A = -A \cdot F_t^* \cdot \sin\varphi\cos\varphi \qquad M_{bt}(\varphi)_y = F_t(\varphi)_y \cdot A = A\, F_t^* \sin^2\varphi$$
$$M_{br}(\varphi)_x = F_r(\varphi)_x \cdot A = -A \cdot F_r^* \cdot \sin^2\varphi \qquad M_{br}(\varphi)_y = F_r(\varphi)_y \cdot A = -A \cdot F_r^* \sin\varphi\cos\varphi$$
$$M_{ba}(\varphi)_x = F_a(\varphi)_x \cdot r_x = r \cdot F_a^* \cdot \sin^2\varphi \qquad M_{ba}(\varphi)_y = F_a(\varphi)_y \cdot r_y = r \cdot F_a^* \cdot \sin\varphi\cos\varphi$$

zusammengefaßt:

$$M_b(\varphi)_x = -A \cdot F_t^* \sin\varphi\cos\varphi - A \cdot F_r^* \sin^2\varphi + r \cdot F_a^* \cdot \sin^2\varphi$$
$$M_b(\varphi)_y = A \cdot F_t^* \sin^2\varphi - A \cdot F_r^* \sin\varphi\cos\varphi + r \cdot F_a^* \cdot \sin\varphi\cos\varphi$$

Ideelle Abdrängkraft in x- und y-Richtung:

$$F_{id}(\varphi)_x = M_b(\varphi)_x / A = -F_t^* \sin\varphi\cos\varphi + \sin^2\varphi(F_a^* \cdot r/A - F_r^*)$$
$$F_{id}(\varphi)_y = M_b(\varphi)_y / A = F_t^* \sin^2\varphi + \sin\varphi\cos\varphi\,(F_a^* \cdot r/A - F_r^*)$$

Bezieht man die Kräfte auf die drehmoment- und schnittleistungsbestimmende Tangentialkraft, so ergibt sich für alle im Eingriff befindlichen Schneiden:

$$F_{id\,x}/F_t^* = -\sum_j \sin\varphi_j \cos\varphi_j + (F_a^* \cdot r/F_t^* \cdot A - F_r^*/F_t^*) \sum_j \sin^2\varphi_j$$
$$F_{id\,y}/F_t^* = -\sum_j \sin^2\varphi_j + (F_a^* \cdot r/F_t^* \cdot A - F_r^*/F_t^*) \sum_j \sin\varphi_j \cos\varphi_j$$

wobei für z_{sE} Schneiden im Eingriff $\varphi_j = \varphi_0,\ \varphi_0 + 2\pi/z_s,\ \ldots,\ \varphi_0 + (z_{sE}-1) \cdot 2\pi/z_s$.

Die ideelle bezogene Abdrängkraft erhält man aus

$$F_{id}/F_t^{*} = \sqrt{(F_{id\,x}/F_t^{*})^2 + (F_{id\,y}/F_t^{*})^2} \qquad \text{(A 40)}$$

A 16 Korrektur maschinenbedingter Störeinflüsse bei Abdrängsensoren

a) Übersprechen

Aus den Beziehungen für die Abdrängwege δ_x und δ_y als Funktion der Komponenten der ideellen Abdrängkraft $F_{id\,x}$ und $F_{id\,y}$

$\delta_x = x \cdot F_{id\,x} - \eta \cdot F_{id\,y}$ x, y Eichfaktoren

$\delta_y = y \cdot F_{id\,y} - \xi \cdot F_{id\,x}$ η, ξ Übersprechfaktoren

erhält man

$$F_{id\,x} = \frac{y}{xy - \eta\xi} \cdot \delta_x + \frac{\eta}{xy - \eta\xi} \cdot \delta_y \qquad \text{(A 41)}$$

$$F_{id\,y} = \frac{x}{xy - \eta\xi} \cdot \delta_y + \frac{\xi}{xy - \eta\xi} \cdot \delta_x \qquad \text{(A 42)}$$

Für diese Gleichungen kann eine einfache Analogrechenschaltung aufgebaut werden (Bild A-12).

b) Laufungenauigkeiten der Spindel

Grundgedanke des Kompensationsverfahrens ist die Nachbildung des gestörten Meßsignals über der Spindelumdrehung mit Hilfe der Diodenfunktionsgeber des Analogrechners und die Subtraktion des nachgebildeten Signals vom Meßsignal (Bild A-12).

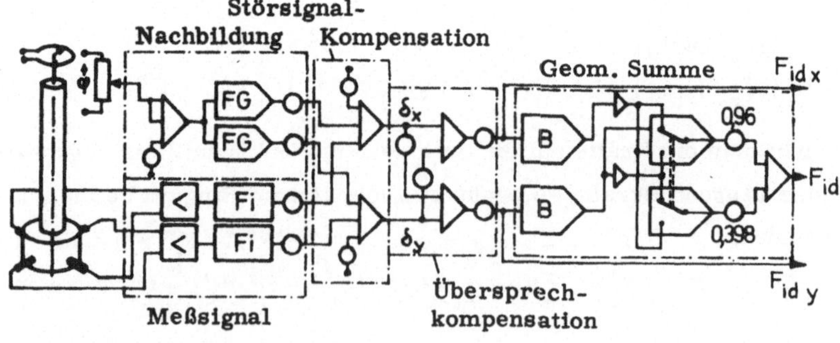

Bild A-12 : Korrekturschaltung

FG Funktionsgeber , Fi Tiefpaßfilter , B Betragsbildung

Dabei muß vorausgesetzt werden, daß das im Leerlauf ermittelte Störsignal bei Belastung unverändert bleibt. Die Synchronisierung der Nachbildung mit der Spindelumdrehung bewirkt ein Drehwinkelgeber auf der Spindel, z.B. ein durchdrehbares Potentiometer.

Bild A-13 zeigt oben das Störsignal im Leerlauf (mit Tiefpaßfilter, Grenzfrequenz = 3fache Spindelumlauffrequenz), in der Mitte das synchronisierte nachgebildete Signal, unten das verbesserte Signal als Ergebnis der Subtraktion. Eine völlige Kompensation ist wegen der begrenzten Auflösung des Diodenfunktionsgebers mit festen Knickstellen nicht möglich.

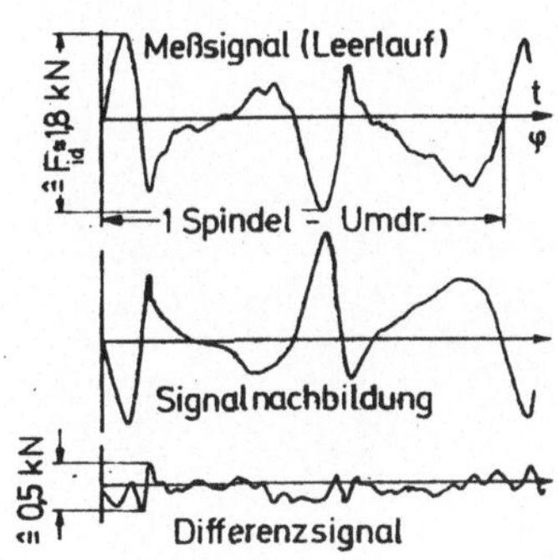

Bild A-13 :

Resultat der Korrekturschaltung

Berichte aus dem Institut für Steuerungstechnik der Werkzeugmaschinen und Fertigungseinrichtungen der Universität Stuttgart

---

Herausgegeben von Prof. Dr.-Ing. G. Stute

ISW 1

Numerische Bahnsteuerung
Beitrag zur Informationsverarbeitung und Lageregelung.

Von Dr.-Ing. **Dietmar Schmid**,
1972, 89 S. mit 44 Bildern

ISBN 3-540-05834-6, ISBN 0-387-05834-6
Kart. DM 24,–

ISW 2

Fräsbearbeitung gekrümmter Flächen
Flächenbeschreibung, Programmierung und Fertigung

Von Dr.-Ing. **Horst Schwegler**,
1972, 111 S. mit 36 Bildern

ISBN 3-540-05835-4, ISBN 0-387-05835-4
Kart. DM 24,–

ISW 3

Numerisch gesteuerte Mehrachsenfräsmaschinen
Fräsbahnabweichungen aufgrund der Kinematik und Interpolation.

Von Dr.-Ing. **Jörg Eisinger**,
1972, 90 S. mit 45 Bildern

ISBN 3-540-05836-2, ISBN 0-387-05836-2
Kart. DM 24,–

ISW 4

Rechnersteuerung von Fertigungseinrichtungen
Beitrag zur Automatisierung der Fertigung durch den Einsatz von Digitalrechnern.

Von Dr.-Ing. **Rainer Nann**,
1972, 125 S. mit 45 Bildern

ISBN 3-540-05911-3, ISBN 0-387-05911-3
Kart. DM 36,–

ISW 5

Zweiachsige Nachformeinrichtungen
Untersuchung der Lageregelung bei einem stetigen System.

Von Dr.-Ing. **Gerhard Augsten**,
1972, 140 S. mit 71 Bildern

ISBN 3-540-05912-1, ISBN 0-387-05912-1
Kart. DM 36,–

ISW 6

Die Automatisierung der Fertigungsvorbereitung durch NC-Programmierung

Von Dr.-Ing. **Bernhard Karl**,
1972, 121 S. mit 44 Bildern

ISBN 3-540-05913-X, ISBN 0-387-05913-X
Kart. DM 30,–

ISW 7

NC-Programmiersystem
Beitrag zur numerischen Verarbeitung eines geometrischen Werkstückbeschreibungssystems

Von Dr.-Ing. **Helmut Eitel**,
1973, 117 S. mit 49 Bildern

ISBN 3-540-05914-8, ISBN 0-387-05914-8
Kart. DM 30,–

ISW 8	**Numerische Bahnsteuerung zur Erzeugung von Raumkurven auf rotationssymmetrischen Körpern** Von Dr.-Ing. **Eckhard Knorr**, 1973, 130 S. mit 57 Bildern ISBN 3-540-06464-8, ISBN 0-387-06464-8 Kart. DM 36,–
ISW 9	**Viskohydraulischer Vorschubantrieb** Entwicklung und Erprobung Von Dr.-Ing. **Siegfried Bumiller** 1974, 123 S. mit 66 Bildern ISBN 3-540-06885-6, ISBN 0-387-06885-6 Kart. DM 36,–
ISW 10	**Grenzregelung an Werkzeugmaschinen** Beitrag zur Auslegung und Bewertung von ACC-Systemen Von Dr.-Ing. **Klaus Maier** 1974, 140 S. mit 68 Bildern ISBN 3-540-06886-4, ISBN 0-387-06886-4 Kart. DM 40,–
In Vorbereitung:	**Beitrag zur rechnerunterstützten Auswahl von Fräswerkzeugen** Von ir. **Joos Waelkens**, 1974, 157 S. mit 79 Bildern

Springer-Verlag
Berlin · Heidelberg · New York